高等职业教育产教融合特色系列教材

U0404136

智能制造生产线管理与维护

（活页式教材）

刘娉婷 主编

北京理工大学出版社
BEIJING INSTITUTE OF TECHNOLOGY PRESS

内容简介

本教材是依托智能制造生产线设计的教学内容（前期已编写完成校内实训指导书），其中教学情境设计以智能生产线零件加工系统为载体，设置了多个情境，每个情境均以“收集信息、制订计划、作出决策、实施计划、检查控制、评价反馈”为教学过程，并配有引导题、图表，将知识与技能的训练、工作能力与职业素养的培养融入各个教学环节中。通过本门课程的学习，学员可以对前期所学专业进行一次综合性运用，进而对机电系统有更深入的认识。通过本课程的设计，学员对工控产品说明资料的查找能力、使用技术资料解决问题的能力、按照工艺要求编制流程图能力等均可得到全方位的提升。同时，利用六步教学法引导同学在信息收集能力、计划与执行能力、主动学习与独立解决问题能力、沟通与团队协作能力方面得到了综合性的培养。

本教材可供多专业学员使用，特别适合中德双元制校企合作办学机电一体化专业的学员。可作为高等院校和高职院校机电一体化、电气自动化、过程控制技术、机器人专业学员的实践教材。

版权专有　侵权必究

图书在版编目（CIP）数据

智能制造生产线管理与维护 / 刘娉婷主编. -- 北京：北京理工大学出版社，2024. 1

ISBN 978 - 7 - 5763 - 3355 - 8

Ⅰ. ①智… Ⅱ. ①刘… Ⅲ. ①智能制造系统-自动生产线 Ⅳ. ①TH166

中国国家版本馆 CIP 数据核字（2024）第 031802 号

责任编辑：陈莉华　　**文案编辑**：陈莉华

责任校对：刘亚男　　**责任印制**：李志强

出版发行 / 北京理工大学出版社有限责任公司

社　　址 / 北京市丰台区四合庄路 6 号

邮　　编 / 100070

电　　话 / （010）68914026（教材售后服务热线）

（010）63726648（课件资源服务热线）

网　　址 / http：//www.bitpress.com.cn

版 印 次 / 2024 年 1 月第 1 版第 1 次印刷

印　　刷 / 河北盛世彩捷印刷有限公司

开　　本 / 787 mm × 1092 mm　1/16

印　　张 / 12. 5

字　　数 / 304 千字

定　　价 / 58. 50 元

图书出现印装质量问题，请拨打售后服务热线，负责调换

前　言

实践教学是学员获得实践能力和综合职业能力的主要途径和手段。设计合理的技能实训课程，既能锻炼学员的综合实训技能，又能引发学员足够的学习兴趣。其课程目的是锻炼学员将所学知识熟练应用于生产实践中，这不仅能使学员走向工作岗位后满足企业要求，更是学员职业生涯可持续发展能力的保证。所以，实践类课程选用什么样的教材、授课老师用什么方式组织实施、学员如何积极主动地去学和做，是职业院校一直在思考的课题。

《智能制造生产线管理与维护》是编者在中德双元制教育背景下，经过多年校企合作办学的教学实践，以德国行动导向为教学模式编写的教材，是为锻炼职业院校学员的专业技能、职业素养、综合能力培养而开发的。

本教材教学情境设计以智能生产线零件加工系统为载体，设置了9个机电一体化系统的情境，每个情境均以“收集信息、制订计划、作出决策、实施计划、检查控制、评价反馈”为教学过程，并配有引导题、图表，将知识与技能的训练、工作能力与职业素养的培养融入各个教学环节中。通过本门课程，学员可以对前期所学专业进行一次综合性运用，进而对机电系统有更深入的认识。通过本课程的设计，学员对工控产品说明资料的查找能力、使用技术资料解决问题的能力、按照工艺要求编制流程图的能力、PLC 编程能力、HMI 触摸屏组态能力、工业网络搭建能力、数控机床的应用能力、工业机器人的应用能力等均可得到全方位提升。同时，利用六步教学法引导学员在信息收集能力、计划与执行能力、主动学习与独立解决问题能力、沟通与团队协作能力方面得到综合性的培养。

本教材对每个情境的实施给出了具体的建议学时，院校可结合自身专业开课的学时，选择培训内容，具体如表 0 - 1 所示。

表 0 - 1　学时建议表

序号	学习情境	建议学时
1	学习情境 1　车间安全分析	4
2	学习情境 2　车间消防管理	4
3	学习情境 3　车间电源	4
4	学习情境 4　车间危险源分析与处理	4
5	学习情境 5　生产事故应急处理	4
6	学习情境 6　智能生产线总体认知	4
7	学习情境 7　设备操作流程介绍	4
8	学习情境 8　智能生产线功能分析	4
9	学习情境 9　智能生产线安全分析	4

本书由辽宁机电职业技术学院刘娉婷编写完成。作者在编写过程中，受到辽宁机电职业技术学院教务处长姜伟和莱茵科斯特教育事业部总监胡鹏昌的大力支持，在此表示感谢。

本教材可供多专业学员使用，特别适合中德双元制校企合作办学机电一体化专业的学员，也可作为高等院校和高职院校的机电一体化、电气自动化、过程控制技术、机器人专业学员的实践教材。

由于编者水平有限，书中疏漏和不妥之处在所难免，恳请广大读者批评指正。

编　者

目　　录

学习情境1

车间安全分析

学习目标

一、知识目标

（1）掌握车间安全要点；

（2）掌握车间安全操作要领。

二、技能目标

（1）能发现车间生产安全隐患；

（2）能熟悉车间安全规定；

（3）能掌握三级安全教育；

（4）能正确识别安全标识。

三、核心能力目标

（1）能利用网络资源、专业书籍、技术手册等获取有效信息；

（2）能用自己的语言有条理地去解释、表述所学知识；

（3）能够借助学习资料独立学习新知识和新技能，完成工作任务；

（4）能够独立解决工作中出现的各种问题，顺利完成工作任务；

（5）能够根据工作任务，制订、实施工作计划，工作过程中有产品质量的控制与管理意识；

（6）能够与团队成员之间相互沟通协商，通力合作，圆满完成工作任务。

情境描述

为了确保我公司的安全生产工作有效顺利开展，杜绝安全事故发生，公司成立了安全生产检查小组，小组成员需对车间进行认真细致地检查。你作为一名安全生产小组的安全员，需要对整个车间进行安全检查与分析，并出具一份安全报告。如图 1 - 1 所示是安全生产标识。

图 1 - 1　安全生产标识

工作过程

一、收集信息

1. 车间布局及功能

查找设备技术资料，完成（1）、（2）引导题。

（1）如图 1 - 2 所示是智能生产线设备，请将对应设备名称填入方框中。

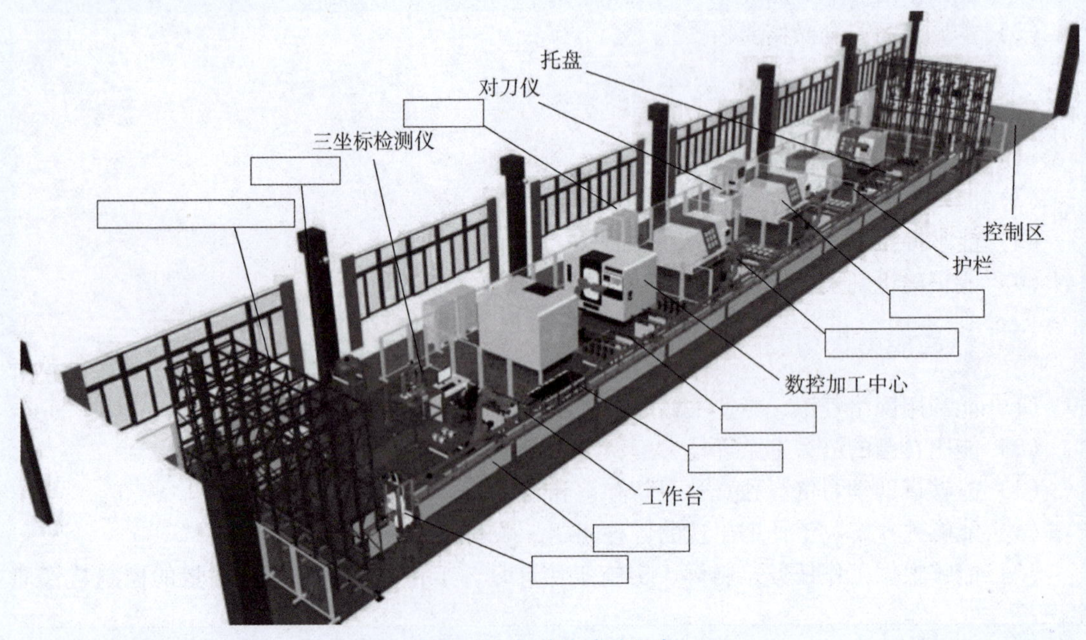

图 1 - 2　智能生产线设备

（2）简述智能生产线工艺流程。

参考设备说明书，对生产工艺进行描述。

2. 车间安全规定

查找安全规定相关资料，完成（1）、（2）引导题。

（1）请把如下安全规定关键词填入（　　）中使句子完整。

关键词：工艺规程、电气设备、防护用品、防护装置、生产作业、防护围栏、精力、高跟鞋、规章制度、清洁、安全法规、饮酒。

1）认真执行国家有关劳动（　　）、规定及本厂各项安全生产（　　）。

2）操作工必须熟悉产品性能、（　　）及设备操作要求，会正确处理生产过程中出现的故障。

3）操作前必须按规定正确穿戴好个人的（　　）。披肩发、长辫必须罩入工作帽内。进入有可能发生物体打击的场所必须戴安全帽；有可能被传动机械绞辗伤害的作业不准戴手套；不准穿戴围巾、围裙，脖子上不准佩戴装饰品；（　　）场所不准赤膊；不准穿（　　）、拖鞋（除规定外）。

4）工作时应集中（　　）、坚守岗位，不准做与本职工作无关的事。上班前不准（　　）。

5）操作对人体有发生伤害危险的机械设备时，应检查安全（　　）是否齐全可靠，否则不准进行操作。

6）不准随意拆卸、挪动各种安全防护装置和安全信号装置、（　　）、警戒标志等。

7）检修机械、（　　）时，必须切断电源，挂上警示牌。合闸前要仔细检查，确认无人检修后方准合闸。

8）生产场所应保持整齐、（　　），原材料、半成品及成品要堆放合理，安全通道畅

通，废料应及时清除。

（2）查阅安全生产相关规定，完成下面连线。

《安全生产法》规定的安全生产管理方针是（ ）	水平仰卧位
进行心肺复苏时，病人体位宜取（ ）	安全帽、安全带
任何施工人员，发现他人违章作业时，应该（ ）	安全第一，预防为主
进入高空作业现场，应戴（ ）。高处作业人员必须使用（ ）。高处工作传递物件，不得上下抛掷	中华人民共和国宪法
《安全生产法》的立法依据是（ ）	当即予以制止

3. 三级安全教育

查找三级安全教育相关资料，完成（1）、（2）引导题。

（1）请完成如下填空。

三级安全教育是指新入厂职员、工人的（　　）、（　　）和（　　）。它是厂矿企业安全生产教育制度的基本形式。三级安全教育制度是企业安全教育的基本教育制度。企业必须对新工人进行安全生产的入厂教育、车间教育、岗位安全教育。对调换新工种、采取新技术、新工艺、新设备、新材料的工人，必须进行新岗位、新操作方法的安全教育，受教育者经考试合格后，方可上岗操作。

（2）请完成如下问答题。

如何理解厂级安全教育、车间级安全教育和岗位安全教育这三级安全教育？

依据三级安全教育标准进行陈述，并结合智能生产线实际情况进行合理分析。

4. 安全标识

查找三级安全教育相关资料，完成（1）、（2）引导题。

（1）安全标识定义。

安全标识是向工作人员警示工作场所或周围环境的危险状况，指导人们采取合理行为的标志。安全标识能够提醒工作人员预防危险，从而避免事故发生。当危险发生时，能够指示人们尽快逃离，或者指示人们采取正确、有效、得力的措施，对危害加以遏制。安全标识不仅类型要与所警示的内容相吻合，而且设置位置要正确合理，否则就难以真正充分发挥其警示作用。

请根据安全标识定义，联想你在日常生活及学习中，见过哪些安全标识，并加以描述、绘图。

依照网络资源进行查找，并描述。

（2）请查阅安全标识资料，完成如下连线。

		禁止放易燃物
		禁止触摸
		当心伤手
		禁止吸烟
		当心触电
		注意安全
		禁止攀登

二、制订计划

为提高工作效率，确保工作质量，小组成员或个人需根据情境任务制定整个工作过程的计划表格。制定内容需要包含工作步骤、工作内容、人员划分、时间分配、安全意识等。请根据情境描述要求，参考收集到的信息，制定工作计划表。表1-1所示是车间安全分析工作计划表。

表1-1　车间安全分析工作计划表

<table>
<tr><td>学习情境</td><td colspan="2">学习情境1　车间安全分析</td><td>姓名</td><td></td><td>日期</td><td></td></tr>
<tr><td>任务</td><td colspan="2"></td><td>小组成员</td><td colspan="3"></td></tr>
<tr><td>序号</td><td colspan="2">工作阶段/步骤</td><td colspan="2">准备清单
设备/工具/辅具</td><td>组织
形式</td><td>工作
时间</td></tr>
<tr><td>1</td><td colspan="2">填写计划工作表格</td><td colspan="2">填写计划表</td><td>小组工作</td><td></td></tr>
<tr><td>2</td><td colspan="2">划分工作内容</td><td colspan="2">白板</td><td>小组工作</td><td></td></tr>
<tr><td>3</td><td colspan="2">出具车间安全告知书</td><td colspan="2">电脑</td><td>个人工作</td><td></td></tr>
<tr><td>4</td><td colspan="2">紧急预案实施</td><td colspan="2">电脑</td><td>小组工作</td><td></td></tr>
<tr><td>5</td><td colspan="2">讲解车间安全及注意事项</td><td colspan="2">电脑</td><td>小组工作</td><td></td></tr>
<tr><td>6</td><td colspan="2">车间电源位置及功能</td><td colspan="2">电脑</td><td>小组工作</td><td></td></tr>
<tr><td>7</td><td colspan="2">实施检查</td><td colspan="2">填写检查表</td><td>小组工作</td><td></td></tr>
<tr><td>8</td><td colspan="2">评估工作过程</td><td colspan="2">填写评估表</td><td>小组工作</td><td></td></tr>
<tr><td>9</td><td colspan="2"></td><td colspan="2"></td><td></td><td></td></tr>
<tr><td>10</td><td colspan="2"></td><td colspan="2"></td><td></td><td></td></tr>
<tr><td colspan="2">工作安全</td><td colspan="5">安全：防触电、防设备碰撞、劳动保护用品穿戴整齐。
重点及难点：各级安全标识</td></tr>
<tr><td colspan="2">工作质量
环境保护</td><td colspan="5">6S标准：垃圾分类、工具摆放整齐、设备整洁规整</td></tr>
</table>

三、作出决策

小组成员制订计划后，需要在培训师的参与下，对计划表格的内容进行检查和确认。

讨论内容包括：计划表工作内容的合理性、小组成员工作划分、时间安排、安全环保意识等。决策表经培训师确认合格后，方可实施，否则需要对知识进行补充，对计划进行修改，如表1-2所示是车间安全分析工作决策表。

表 1-2　车间安全分析工作决策表

学习情境	学习情境 1　车间安全分析	小组名称		日期	
任务		小组成员			
决策内容					
序号	决策点	决策结果			
1	工作划分合理、全面无遗漏	是○		否○	
2	小组内人员工作划分合理	是○		否○	
3	小组成员已经具备完成各自分配任务的能力	是○		否○	
4	工作时间规划合理	是○		否○	
5	小组成员已经具备安全环保意识	是○		否○	
决策结果记录					
○还有未解决的____________________问题，需要重新修改计划					
○还有未解决的____________________问题，需要补充新的知识					
○计划表规划合理，可以实施计划 培训师：____________　时间：____________					

四、实施计划

（1）请根据车间安全统计情况，制定车间安全告知书并做讲解（Word 文档、PPT 均可）。

车间安全告知书包含的内容参考信息收集部分的相关引导题。

（2）请根据表1－3完成下面紧急预案实施方案。

表1－3　紧急预案实施方案表

序号	紧急事件	危险因素描述	防护措施
1	触电		
2	挤伤		
3	卷绕		
4	割伤		
5	摔伤		
6	跌倒		
7	设备碰撞		
8	失火		
9	设备失电		
10	设备失气		
11	设备报警		
12	物料卡滞		
13	紧急停机		
14			
15			
16			
17			
18			
19			
20			
21			
22			
23			
24			
25			

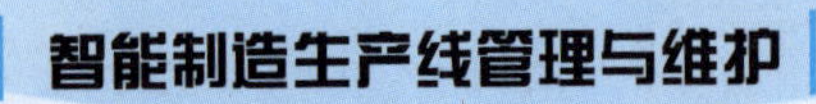

（3）请根据车间设备实际情况，讲解车间安全及注意事项，并分组讨论。

车间安全及注意事项包含的内容参考信息收集部分的相关引导题及智能生产线使用说明书。

（4）表1－4列举了车间主要电源，请根据图例及设备使用说明书确定电源位置及功能。

表1－4　电源位置及功能

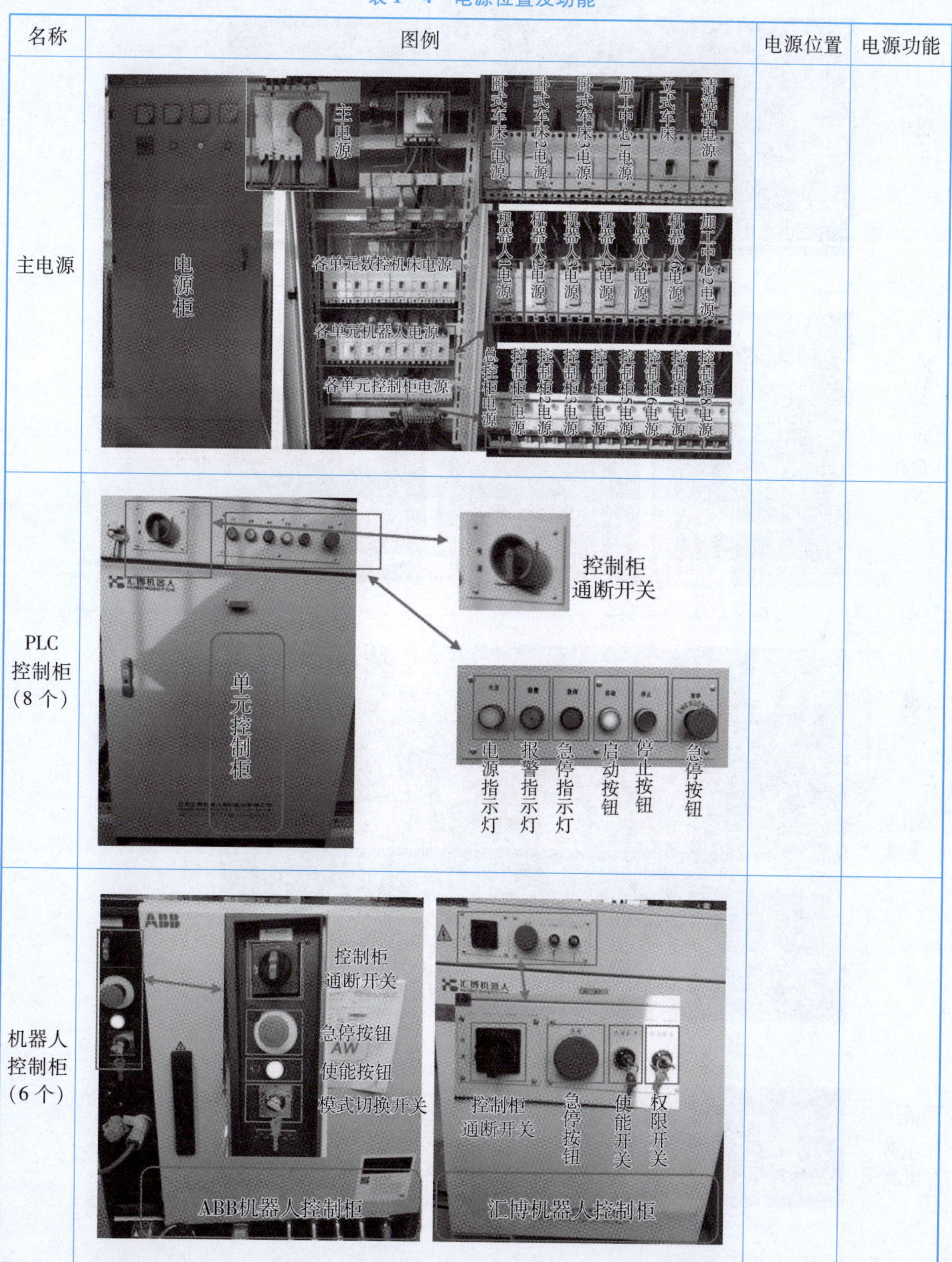

名称	图例	电源位置	电源功能
主电源			
PLC控制柜（8个）			
机器人控制柜（6个）			

续表

名称	图例	电源位置	电源功能
数控机床（6台）	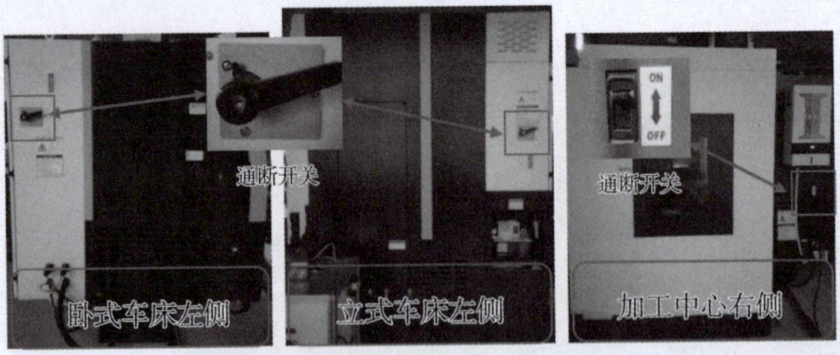通断开关 通断开关 卧式车床左侧 立式车床左侧 加工中心右侧		
数控机床启动按钮	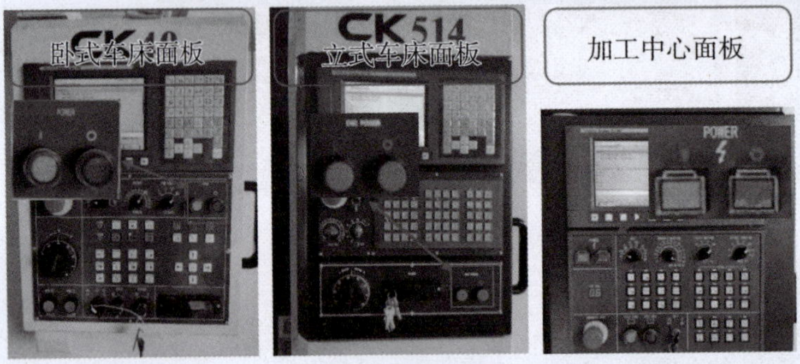卧式车床面板 CK514 立式车床面板 加工中心面板 POWER		
空压机电源	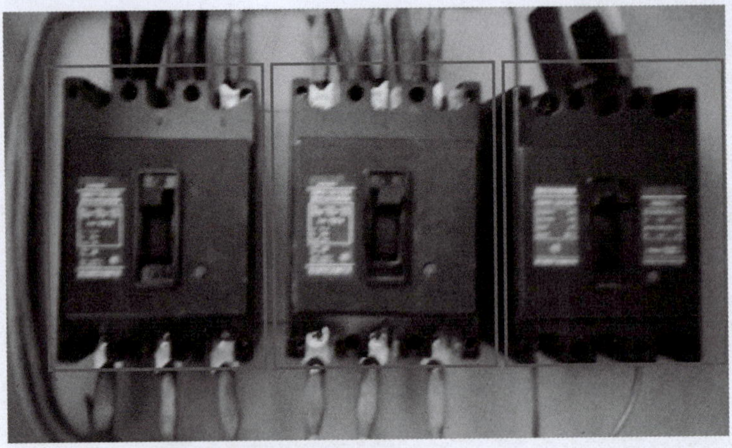		
AGV小车电源	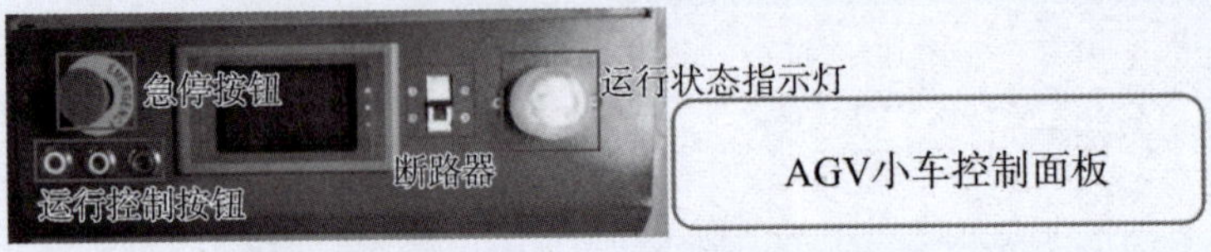急停按钮 运行状态指示灯 断路器 运行控制按钮 AGV小车控制面板		

续表

名称	图例	电源位置	电源功能
风机、空压机启动按钮	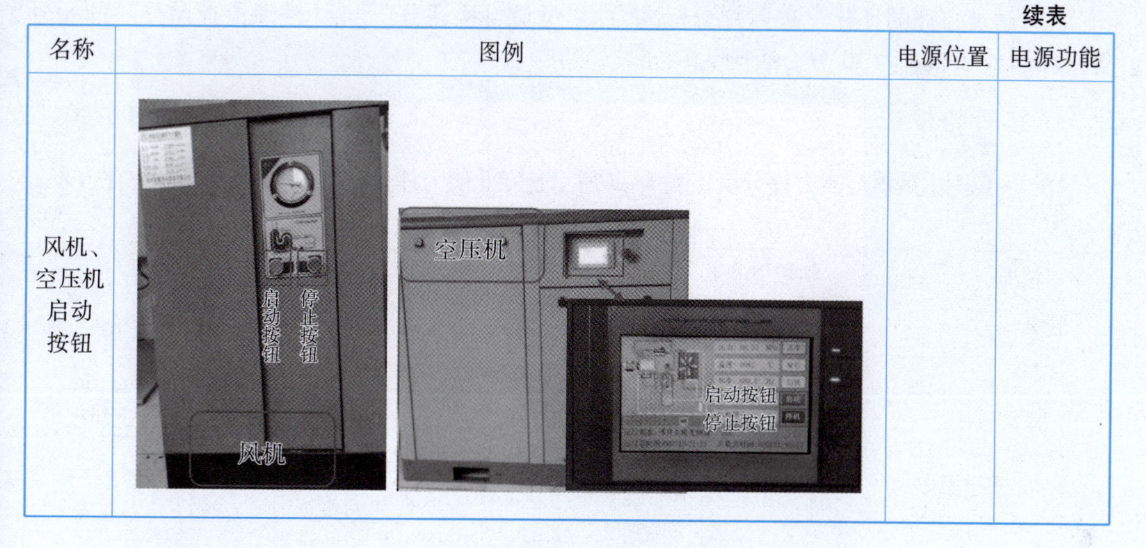		

五、检查控制

表 1－5 所示是车间安全分析评分表，评分项目的评分等级为 10—9—7—5—3—0。学员首先如实填写“学员自检评分”部分，教师根据任务完成情况填写“教师检查评分”和“对学员自评的评分”部分，最后经过除权公式算出功能检查总成绩。

表 1－5　车间安全分析评分表

序号	评分项目	学员自检评分	教师检查评分	对学员自评的评分
1	车间安全告知书规范合理			
2	紧急预案实施方案全面细致			
3	车间安全及注意事项			
4	电源位置及功能描述准确			
5	讲解时声音洪亮，吐字清晰，逻辑性较强			
6				
7				
8				
9				
10				
小计得分（满分 50 分）				
除数		5	5	5
除权成绩				
功能检查总成绩：＝教师检查评分 ×0.5＋对学员自评的评分 ×0.5 功能检查总成绩：				

“对学员自评的评分”项目评分标准为：“学员自检评分”与“教师检查评分”的评分等级相同或相邻时为10分，否则为0分。

六、评价反馈

表1-6所示是核心能力评分表，表1-7所示是专业能力评分表，表1-8所示是总评分表。

表1-6 核心能力评分表

学习情境		学习情境1 车间安全分析	学时		
任务			组长		
成员					
评价项目		评定标准	自评	互评	培训师
核心能力	安全操作	无违章操作，未发生安全事故。 □优（10） □中（7） □差（4）			
	收集信息	通过不同的途径获取完成工作所需的信息。 □优（10） □中（7） □差（4）			
	口头表达	用语言表达思想感情和对事物的看法，以达到交流的目的。 □优（10） □中（7） □差（4）			
	责任心	对事务或工作认真负责。 □优（10） □中（7） □差（4）			
	团队意识	心中时刻有团队，团队利益至上，时刻保持合作，共同完成任务。 □优（10） □中（7） □差（4）			
小计					
核心能力评价成绩： 核心能力评价成绩（满分100）：=（自评×30%+互评×30%+培训师×40%）×2			A1		

表1-7 专业能力评分表

评价项目		评分标准	综合评分（100分）	除权成绩（乘积）	
专业能力	收集信息	根据信息收集内容完成程度评定		0.2	
	制订计划	根据计划内容的实施效果评定		0.2	
	作出决策	根据决策内容是否完全支撑实施工作评定		0.2	
	实施计划	根据实际实施效果评定		0.2	
	检查控制	依据检查功能表格的分数评定		0.2	
专业能力评价成绩： （满分100分）					A2

表1－8　总评分表

总评分					
序号	成绩类型	表格	小计分数	权重系数	得分
1	核心能力	A1		0.4	
2	工作过程	A2		0.6	
合计分数					
培训师签名：__________　学员签名：__________					

学习情境2
车间消防管理

一、知识目标

（1）掌握消防相关常识；
（2）掌握正确处理消防隐患。

二、技能目标

（1）能认识消防重要性；
（2）能掌握安全消防知识；
（3）能掌握火灾种类及相应灭火方式。

三、核心能力目标

（1）能利用网络资源、专业书籍、技术手册等获取有效信息；
（2）能用自己的语言有条理地去解释、表述所学知识；
（3）能够借助学习资料独立学习新知识和新技能，完成工作任务；
（4）能够独立解决工作中出现的各种问题，顺利完成工作任务；
（5）能够根据工作任务，制订、实施工作计划，工作过程中有产品质量的控制与管理意识；
（6）能够与团队成员之间相互沟通协商，通力合作，圆满完成工作任务。

车间即将投入使用，根据消防管理制度，你作为车间管理人员，要做哪些管理工作才能

满足车间消防要求。如图2－1所示是车间消防管理设备。

图2－1　车间消防管理设备

工作过程

一、收集信息

1. 消防的重要性

请完成（1）、（2）引导题。

（1）如果生产车间发生火灾（见图2－2），可能会造成什么后果？请把后果填入下面方框中。

图2－2　车间发生火灾

（2）请描述一下你所见过的失火现象（见图 2－3），造成了什么伤害？

图 2－3　失火现象

根据学员所见所闻进行描述。

2. 安全消防教育

查找安全消防相关资料，完成下面的引导题。

请把下面右侧安全消防关键词填入左侧（　　）中。

安全消防“四个能力”： （1）消除火灾（　　）能力； （2）扑救（　　）火灾能力； （3）组织引导疏散（　　）能力； （4）消防安全知识（　　）能力	宣传教育、初期、逃生、隐患
初期火灾现场处置程序： （1）拨打“（　　）”； （2）组织人员（　　）； （3）火场（　　）； （4）初期火灾（　　）； （5）协助（　　）灭火	消防、扑救、疏散、警惕、119
消防安全“五懂”： （1）“懂”消防安全（　　）法规； （2）“懂”本单位、本岗位火灾（　　）； （3）“懂”消防安全职责、（　　）、操作规程、预防火灾措施； （4）“懂”（　　）和应急疏散及火灾扑救； （5）“懂”火场逃生方法	灭火、制度、危险性、法律

3. 设备易燃点

请根据设备使用说明书及相关资料，分析判断智能生产线中存在哪些易燃隐患，并进行描述。

从设备电控系统、润滑系统及设备易燃壳体等几个方面进行分析。

4. 火灾种类及灭火器选择

查找火灾消防相关资料，完成（1）、（2）引导题。

（1）根据火灾种类的划分，完成下面的问答题。

火灾种类：

应根据物质及其燃烧特性划分为以下几类。

1）A类火灾：指含碳固体可燃物，如木材、棉、毛、麻、纸张等燃烧的火灾；

2）B类火灾：指甲、乙、丙类液体，如汽油、煤油、柴油、甲醇、乙醛、丙酮等燃烧的火灾；

3）C类火灾：指可燃气体，如煤气、天然气、甲烷、丙烷、乙炔、氢气等燃烧的火灾；

4）D类火灾：指可燃金属，如钾、钠、镁、钛、皓、锂、铝镁合金等燃烧的火灾；

5）E类火灾：带电火灾，即物体带电燃烧的火灾。

6）F类火灾：烹饪器具内的烹饪物（如动植物油脂）火灾。

请根据上面火灾种类的划分，对应智能生产线设备，分析一下设备中存在哪些种类的火灾隐患，并说明理由。

重点从带电类（E类）、易燃油品（B类）、A类火灾等几个方面分析。

（2）根据灭火器应用类型，完成下面问题。

灭火器选择：

1）扑救A类火灾即固体燃烧的火灾应选用水型、泡沫、磷酸铵盐干粉、卤代烷型灭火器。

2）扑救B类即液体火灾和可熔化的固体物质火灾应选用干粉、泡沫、卤代烷、二氧化碳型灭火器。

3）扑救C类火灾即气体燃烧的火灾应选用干粉、卤代烷、二氧化碳型灭火器。

4）扑救带电火灾应选用卤代烷、二氧化碳、干粉型灭火器。

5）扑救带电设备火灾应选用磷酸铵盐干粉、卤代烷型灭火器。

6）对D类火灾即金属燃烧的火灾，就我国目前情况来看，还没有定型的灭火器产品，目前国外扑灭D类火灾的灭火器主要有粉装石墨灭火器和扑灭金属火灾专用干粉灭火器，在国内尚未定型生产灭火器和灭火剂的情况下，可采用干砂或铸铁沫灭火。

7）扑灭F类火灾用锅盖扑灭或泡沫灭火器扑灭。

①请问干粉灭火器可以扑灭哪几类火灾？

根据上面的参考资料进行回答。

②请问二氧化碳灭火器可以扑灭哪几类火灾？

根据上面的参考资料进行回答。

③请问泡沫灭火器可以扑灭哪几类火灾？

根据上面的参考资料进行回答。

二、制订计划

为提高工作效率，确保工作质量，小组成员或个人需根据情境任务制定整个工作过程的计划表格。制定内容需要包含工作步骤、工作内容、人员划分、时间分配、安全意识等。请根据情境描述要求，参考收集到的信息，制定工作计划表。表 2－1 所示是车间消防管理工作计划表。

表 2－1　车间消防管理工作计划表

<table>
<tr><td>学习情境</td><td colspan="2">学习情境 2　车间消防管理</td><td>姓名</td><td></td><td>日期</td><td></td></tr>
<tr><td>任务</td><td colspan="2"></td><td>小组成员</td><td colspan="3"></td></tr>
<tr><td>序号</td><td colspan="2">工作阶段/步骤</td><td colspan="2">准备清单
设备/工具/辅具</td><td>组织
形式</td><td>工作
时间</td></tr>
<tr><td>1</td><td colspan="2">填写计划工作表格</td><td colspan="2">填写计划表</td><td>小组工作</td><td></td></tr>
<tr><td>2</td><td colspan="2">划分工作内容</td><td colspan="2">工作纸、白板</td><td>组员 A</td><td></td></tr>
<tr><td>3</td><td colspan="2">出具设备安全使用备忘录</td><td colspan="2">工作纸</td><td>组员 B</td><td></td></tr>
<tr><td>4</td><td colspan="2">火灾预防处理</td><td colspan="2">工作纸</td><td>组员 C</td><td></td></tr>
<tr><td>5</td><td colspan="2">设备安全及正确灭火方式</td><td colspan="2">工作纸</td><td>组员 A</td><td></td></tr>
</table>

续表

学习情境	学习情境 2　车间消防管理		姓名		日期	
任务			小组成员			
序号	工作阶段/步骤		准备清单 设备/工具/辅具		组织形式	工作时间
6	灭火设备正确布置		工作纸		组员 C	
7	实施检查		填写检查表		小组工作	
8	评估工作过程		填写评估表		小组工作	
9						
10						
工作安全		安全：防触电、防设备碰撞，劳动保护用品穿戴整齐。 重点及难点：各级安全标识				
工作质量 环境保护		6S 标准：垃圾分类、工具摆放整齐、设备整洁规整				

三、作出决策

小组成员制订计划后，需要在培训师的参与下，对计划表格的内容进行检查和确认。

讨论内容包括：计划表工作内容的合理性、小组成员工作划分、时间安排、安全环保意识等。决策表经培训师确认合格后，方可实施，否则需要对知识进行补充，对计划进行修改，如表 2－2 所示是车间消防管理工作决策表。

表 2－2　车间消防管理工作决策表

学习情境	学习情境 2　车间消防管理	小组名称		日期	
任务		小组成员			
决策内容					
序号	决策点	决策结果			
1	工作划分合理、全面无遗漏	是○		否○	
2	小组内人员工作划分合理	是○		否○	
3	小组成员已经具备完成各自分配任务的能力	是○		否○	
4	工作时间规划合理	是○		否○	
5	小组成员已经具备安全环保意识	是○		否○	
决策结果记录					
○还有未解决的________________________________问题，需要重新修改计划					
○还有未解决的________________________________问题，需要补充新的知识					
○计划表规划合理，可以实施计划 培训师：________________　时间：________________					

四、实施计划

（1）请根据车间消防安全情况，出具设备安全使用备忘录（Word 文档、PPT 均可）。

车间设备安全使用备忘录包含的内容参考信息收集部分的相关引导题。

（2）请完成下面火灾预防处理实施方案（见表 2－3）。

表 2－3　火灾预防实施方案表

序号	发生火灾紧急事件	火灾危险因素描述	防护措施
1	参考上面引导题		
2			
3			
4			
5			
6			
7			

续表

序号	发生火灾紧急事件	火灾危险因素描述	防护措施
8			
9			
10			
11			
12			
13			
14			
15			
16			
17			
18			
19			
20			
21			
22			
23			
24			
25			

（3）请根据车间设备的实际情况，讲解车间消防管理及正确灭火方式，并分组讨论。

车间消防管理及正确灭火方式包含的内容参考信息收集部分的相关引导题及智能生产线使用说明书。

（4）灭火设备正确布置。

1）灭火器应设置在明显的地点。

灭火器设置在明显的地点，能使人们一目了然地知道何处可取灭火器，减少因寻找灭火器而花费的时间，及时有效地将火灾扑灭在初起阶段。所谓明显地点，一般来说，是指正常的通道，包括房间的出入口处、走廊、门厅及楼梯等地点。因为设置在这些位置的灭火器较明显，又很容易被沿着安全路线撤退的人群看到。

2）灭火器应设置在便于人们取用（包括不受阻挡和碰撞）的地点。

扑灭初起火灾是有一定时间限度的，能否方便、安全、及时地取到灭火器，在某种程度上决定了灭火的成败。如果取用不便，那么即使离火点再近，也有可能因时间的拖延而使火势蔓延造成大火，从而使灭火器失去了作用。所以，灭火器要求设置在没有任何危及人身安全和阻挡碰撞就能方便地取得并进行灭火的地点。

3）灭火器的设置不得影响安全疏散。

灭火器的设置不得影响安全疏散，不仅指灭火器本身，而且还包括与灭火器设置相关的托架和灭火器箱等附件都不得影响安全疏散。主要考虑下面两个因素：①灭火器的设置是否影响人们在火警发生时及时安全疏散；②人们在取用各设置点灭火器时，是否影响通道的畅通。

4）灭火器在某些场所设置时应有指示标志，对于那些必须设置灭火器而又确实难以做到明显易见的特殊情况，应设有明显的指示标志来指出灭火器的实际位置，使人们能迅速及时地取到灭火器。这主要是考虑在大型房间内或因视线障碍等原因不能直接看见灭火器的场所设置灭火器的情况。

5）灭火器应设置稳固。

灭火器设置稳固是使用灭火器的前提和保证。灭火器设置稳固，具体说，手提式灭火器（包括设置手提式灭火器时的附件）要防止发生跌落等现象；推车式灭火器不要设置在斜坡和地基不结实的地点，以免造成灭火器不能正常使用或伤人事故。

6）设置的灭火器铭牌必须朝外。

这是为了让人们能直接明确灭火器的主要性能指标及适用扑救火灾的种类和用法，使人们在拿到符合配置要求的灭火器后，就能正确使用，充分发挥灭火器的作用，有效地扑灭初起火灾。

7）手提式灭火器的设置位置。

手提式灭火器宜设置在挂钩、托架上或灭火器箱内，其顶部离地面高度应小于1.50 m，底部离地面高度不宜小于0.15 m。

请根据上面的灭火器布置原则，由你设计车间的灭火设备布置方案，并分组讨论。

根据上面布置原则进行分析。

五、检查控制

如表2－4所示是车间消防管理评分表，评分项目的评分等级为10—9—7—5—3—0。学员首先如实填写“学员自检评分”部分，教师根据任务完成情况填写“教师检查评分”和“对学员自评的评分”部分，最后经过除权公式算出功能检查总成绩。

表2－4　车间消防管理评分表

序号	评分项目	学员自检评分	教师检查评分	对学员自评的评分
1	设备安全使用备忘规范合理			
2	火灾预防处理合理、安全			
3	设备安全及正确灭火方式符合要求			
4	灭火设备正确布置			
5	讲解时声音洪亮，吐字清晰，逻辑性较强			
6				
7				
8				
9				
10				

续表

序号	评分项目	学员自检评分	教师检查评分	对学员自评的评分
小计得分（满分 50 分）				
除数		5	5	5
除权成绩				
功能检查总成绩：=教师检查评分×0.5+对学员自评的评分×0.5 功能检查总成绩：				

“对学员自评的评分”项目评分标准为：“学员自检评分”与“教师检查评分”的评分等级相同或相邻时为 10 分，否则为 0 分。

六、评价反馈

表 2-5 所示是核心能力评分表，表 2-6 所示是专业能力评分表，表 2-7 所示是总评分表。

表 2-5 核心能力评分表

学习情境		学习情境 2 车间消防管理	学时		
任务			组长		
成员					
评价项目		评定标准	自评	互评	培训师
核心能力	安全操作	无违章操作，未发生安全事故。 □优（10） □中（7） □差（4）			
	收集信息	通过不同的途径获取完成工作所需的信息。 □优（10） □中（7） □差（4）			
	口头表达	用语言表达思想感情和对事物的看法，以达到交流的目的。 □优（10） □中（7） □差（4）			
	责任心	对事务或工作认真负责。 □优（10） □中（7） □差（4）			
	团队意识	心中时刻有团队，团队利益至上，时刻保持合作，共同完成任务。 □优（10） □中（7） □差（4）			
小计					
核心能力评价成绩： 核心能力评价成绩（满分 100）：=(自评×30%+互评×30%+培训师×40%)×2			A1		

表2－6　专业能力评分表

评价项目		评分标准	综合评分（100分）	除权成绩（乘积）	
专业能力	收集信息	根据信息收集内容完成程度评定		0.2	
	制订计划	根据计划内容的实施效果评定		0.2	
	作出决策	根据决策内容是否完全支撑实施工作评定		0.2	
	实施计划	根据实际实施效果评定		0.2	
	检查控制	依据检查功能表格的分数评定		0.2	
专业能力评价成绩：（满分100分）					A2

表2－7　总评分表

总评分					
序号	成绩类型	表格	小计分数	权重系数	得分
1	核心能力	A1		0.4	
2	工作过程	A2		0.6	
合计分数					
培训师签名：____________　学员签名：____________					

学习情境3
车间电源

学习目标

一、知识目标

（1）熟悉车间电源分布及使用；
（2）掌握车间电源上电、停机安全操作流程。

二、技能目标

（1）能认识车间电源触电危险；
（2）能安全操作车间供电设备。

三、核心能力目标

（1）能利用网络资源、专业书籍、技术手册等获取有效信息；
（2）能用自己的语言有条理地去解释、表述所学知识；
（3）能够借助学习资料独立学习新知识和新技能，完成工作任务；
（4）能够独立解决工作中出现的各种问题，顺利完成工作任务；
（5）能够根据工作任务，制订、实施工作计划，工作过程中有产品质量的控制与管理意识；
（6）能够与团队成员之间相互沟通协商，通力合作，圆满完成工作任务。

情境描述 

你作为一名智能生产车间的维护电工，需要对整个车间的电源系统进行维护及操作，因此需要十分熟悉智能生产线的电源分布情况。如图3－1所示是车间电源系统。

图3-1　车间电源系统

工作过程

一、收集信息

根据智能生产线实际布局，完成（1）、（2）引导题。

（1）如表3-1所示是电源图片及实际位置，请将智能生产线设备电源图片中的电源实际位置填写在表中。

表 3-1　电源图片及实际位置

名称	图例	电源实际位置
主电源		
PLC 控制柜（8 个）	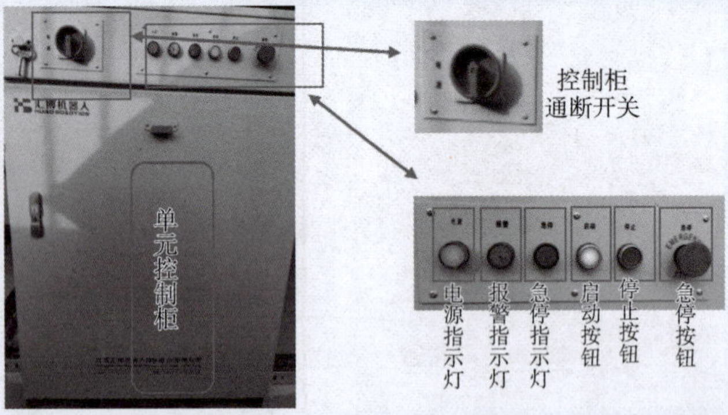	
机器人控制柜（6 个）	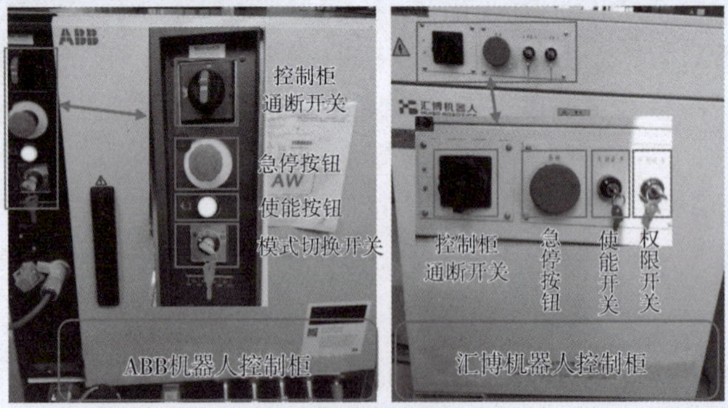	
数控机床（6 台）	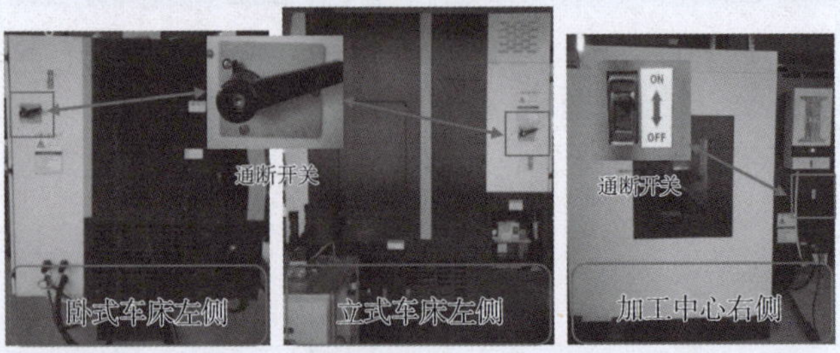	

续表

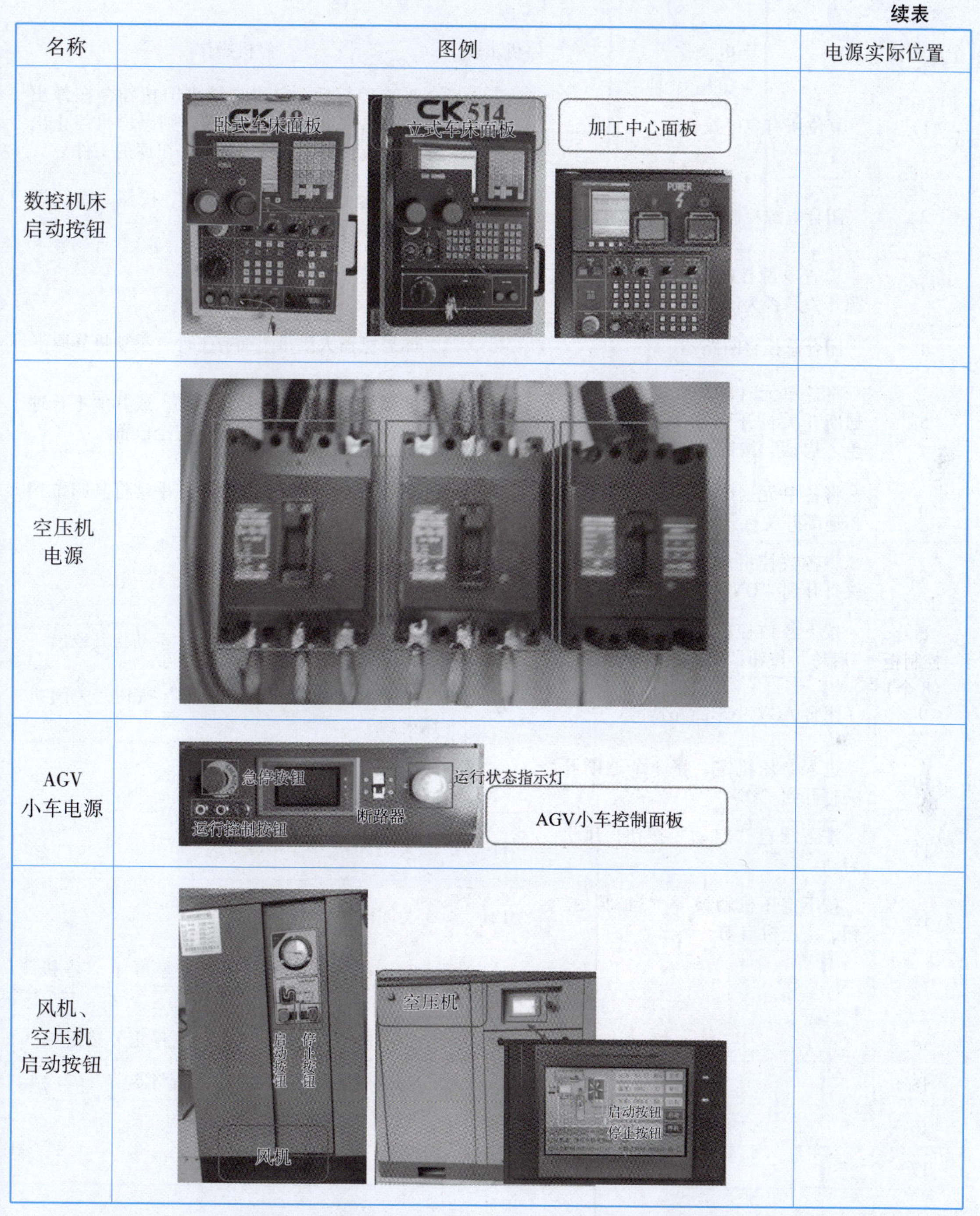

名称	图例	电源实际位置
数控机床启动按钮		
空压机电源		
AGV小车电源		
风机、空压机启动按钮		

（2）智能生产线上电、停机步骤。

请查阅智能生产线使用说明书，完成下面引导题。

生产线上电、停机操作步骤见表 3－2。

表3-2 生产线上电、停机操作步骤

上电步骤	上电操作	停机步骤	停机操作
1	复位所有急停按钮	1	系统运行后，单击“结束”按钮，在弹出窗口单击“是（Y）”按钮，则码垛机停止出库，系统会继续运行完成已经出库的工件
2	闭合电源控制柜内主电源开关	2	系统运行后，单击“停止”按钮，系统即刻停止运行
3	检查电源控制柜内各个单元电源开关是否为闭合状态	3	关闭主控软件
4	闭合总控台断路器	4	如果机器人手爪上面有工件，手动将其取下
5	将各单元（8个）PLC控制柜通断开关打开到“ON”，按下绿色“启动”按钮	5	如果机器人在数控机床内部，或其他不合理位置，手动将机器人恢复至安全位置
6	将各单元（6台）机器人控制柜通断开关打开到“ON”	6	如果机器人上是快换手爪，手动将其归位到快换支架上
7	将各数控机床（6台）通断开关打开到“ON”	7	关闭机器人电源
8	按下各数控机床（6台）绿色“启动”按钮，数控机床开机	8	如果数控机床内部有工件，手动将其取出
9	闭合AGV小车断路器	9	按下数控机床红色“停止”按钮，关闭机床电源
10	进入空压机室，将3个通断开关打开到“ON”	10	关闭单元控制柜电源
11	按下绿色“启动”按钮，风机启动	11	关闭AGV小车电源开关
12	按下空压机触摸屏“启动”按钮，空压机启动	12	关闭电源柜中主电源
13		13	空压机室，单击空压机触摸屏上“停机”按钮
14		14	空压机室，单击风机红色“停止”按钮
15		15	空压机室，关闭三个电源断路器
16		16	
17		17	

1）根据上面的上电步骤，各小组在老师的指导下对设备进行上电操作，写出注意事项与操作总结。

参考上面的设备使用说明书及操作步骤完成。

2）根据上面的停机步骤，各小组在老师的指导下对设备进行停机操作，写出注意事项与操作总结。

参考上面的设备使用说明书及操作步骤完成。

(3) 触电危险情况。

1) 触电的危害。

触电对人体的危害，主要是因电流通过人体一定路径引起的。电流通过头部会使人昏迷，电流通过脊髓会使人截瘫，电流通过中枢神经会引起中枢神经系统严重失调而导致死亡。

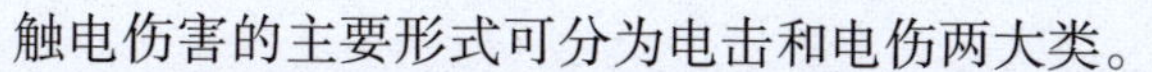

触电伤害的主要形式可分为电击和电伤两大类。

触电伤害表现为多种形式。电流通过人体内部器官，会破坏人的心脏、肺部、神经系统等，使人出现痉挛、呼吸窒息、心室纤维性颤动、心跳骤停甚至死亡。电流通过体表时，会对人体外部造成局部伤害，即电流的热效应、化学效应、机械效应以及磁效应会对人体外部组织或器官造成伤害，如电击伤、金属溅伤、电烙印。

2）安全电压。

安全电压（即允许接触电压）和人体阻抗有关。关于人体阻抗的条件，国际电工委员会 IEC 所属建筑电气设备专门委员会将其分为三类。第Ⅰ类是指住宅、工厂、办公室等一般场所，人体皮肤是干燥状态或因出汗皮肤呈潮湿状态时，在接触电压作用下发生危险的可能性较高，这时取人体阻抗为 1 000 Ω，设定通过人体电流为 50 mA，则 50 mA 与 1 000 Ω 的乘积为 50 V，它是此接触状态时的允许接触电压。中国、西欧及其他多数国家的安全电压采用此值。第Ⅱ类是指人在隧道、涵洞和矿井下等高度潮湿的场所，人体出汗或因工作环境影响使皮肤受潮，经常还会发生双手与双脚二者接触凝露的电气设备金属外壳或构架等情况，这时皮肤潮湿而使皮肤阻抗低到可以认为接近于零（即可忽略其皮肤阻抗），人体电阻仅剩500 Ω 内阻抗。假设通过人体内部电流为50 mA，则50 mA 和500 Ω 的乘积为25 V。现国际上对于允许接触电压，按人体阻抗的条件进行分类时，将 25 V 作为其中的一个等级，这个值接近于中国标准 GB 3805—2008《安全电压》等级分类中的24 V。第Ⅲ类是指人在游泳池、水槽或水池中，人体大部分浸入水里，皮肤完全浸透，这时基本上为体内阻抗 500 Ω，同时考虑有导致溺死的二次事故的危险，所以允许通过人体的电流应为摆脱阈，这样，允许的接触电压为 0. 01 A × 500 Ω = 5 V，这与 GB 380—2008 中规定的安全电压 6 V 相近。如果在不考虑导致二次事故的场所，则可采用 12 V 的允许接触电压。

3）电流大小及触电时间长短。

人体允许通过的电流强度与人体重量、心脏大小、触电时间的长短有关。触电时流入人体电流的大小一超过应有的界限，就开始产生所谓触电的知觉，此时的电流一般称为感觉电流。感觉电流即使作用于体内相当长的时间，也不产生影响。脉冲电流在 40 ~ 90 mA，直流电流在 50 mA 以下对人体是安全的，呼吸肌稍收缩，对心脏无损伤。超过一定量的电流流入人体时，能引起手足的肌肉硬直，丧失活动能力。过量电流通过心脏时，引起心室纤维颤动，甚至会停止心跳。电流通过中枢神经时，可能引起呼吸中枢抑制及心血中枢衰竭，触电后呼吸肌痉挛性收缩，而引起窒息。由于电流的热效应，也可能使触电的人体组织损伤、烧伤、产生坏死等。触电时，对人体产生各种生理影响的主要因素是电流的大小，但电击时间也是很重要的一个因素。如直流 50 mA 以下的数值对人体是安全的，但并不是绝对安全，人体所能承受的电流常常和电击时间有关，如果电击时间极短，人体能耐受高得多的电流而不至于受到伤害；反之电击时间很长时，即使电流小到 8 ~ 10 mA，也可能致命。

请根据上述描述及查阅相关资料，完成下面引导题。

1）触电伤害的形式有哪些？并做论述。

参考上面的资料。

2）请描述你对安全电压的理解？

参考上面的资料。

3）电流通过人体，会出现哪些不良反应？

参考上面的技术资料。

4）结合智能生产线实际用电情况，分析设备中存在哪些触电风险？

根据实际设备应用及使用说明书进行总结。

5）对设备中的触电风险，应采取怎样的合理措施进行避免？

从设备本身的安全性、规范操作、人员防护用品等方面考虑。

二、制订计划

为提高工作效率，确保工作质量，小组成员或个人需根据情境任务制定整个工作过程的计划表格。制定内容需要包含工作步骤、工作内容、人员划分、时间分配、安全意识等。请根据情境描述要求，参考收集到的信息，制定工作计划表。表 3－3 所示是车间电源工作计划表。

表 3－3　车间电源工作计划表

<table>
<tr><td>学习情境</td><td>学习情境 3　车间电源</td><td>姓名</td><td></td><td>日期</td><td></td></tr>
<tr><td>任务</td><td></td><td>小组成员</td><td colspan="3"></td></tr>
<tr><td>序号</td><td>工作阶段/步骤</td><td colspan="2">准备清单
设备/工具/辅具</td><td>组织
形式</td><td>工作
时间</td></tr>
<tr><td>1</td><td>填写计划工作表格</td><td colspan="2">填写计划表</td><td>小组工作</td><td></td></tr>
<tr><td>2</td><td>划分工作内容</td><td colspan="2">白板</td><td>小组工作</td><td></td></tr>
<tr><td>3</td><td>送电前检查及评估</td><td colspan="2">电脑</td><td>个人工作</td><td></td></tr>
<tr><td>4</td><td>送电演示</td><td colspan="2">电脑</td><td>小组工作</td><td></td></tr>
<tr><td>5</td><td>送电状态检查</td><td colspan="2">电脑</td><td>小组工作</td><td></td></tr>
<tr><td>6</td><td>断电演示</td><td colspan="2">电脑</td><td>小组工作</td><td></td></tr>
<tr><td>7</td><td>实施检查</td><td colspan="2">填写检查表</td><td>小组工作</td><td></td></tr>
<tr><td>8</td><td>评估工作过程</td><td colspan="2">填写评估表</td><td>小组工作</td><td></td></tr>
<tr><td>9</td><td></td><td colspan="2"></td><td></td><td></td></tr>
<tr><td>10</td><td></td><td colspan="2"></td><td></td><td></td></tr>
<tr><td colspan="2">工作安全</td><td colspan="4">安全：防触电、防设备碰撞，劳动保护用品穿戴整齐。
重点及难点：各级安全标识</td></tr>
<tr><td colspan="2">工作质量
环境保护</td><td colspan="4">6S 标准：垃圾分类、工具摆放整齐、设备整洁规整</td></tr>
</table>

三、作出决策

小组成员制订计划后，需要在培训师的参与下，对计划表格的内容进行检查和确认。

讨论内容包括：计划表工作内容的合理性、小组成员工作划分、时间安排、安全环保意识等。决策表经培训师确认合格后，方可实施，否则需要对知识进行补充，对计划进行修改。如表3－4所示是车间电源工作决策表。

表3－4　车间电源工作决策表

学习情境	学习情境3　车间电源	小组名称		日期	
任务		小组成员			
决策内容					
序号	决策点	决策结果			
1	工作划分合理、全面无遗漏	是○		否○	
2	小组内人员工作划分合理	是○		否○	
3	小组成员已经具备完成各自分配任务的能力	是○		否○	
4	工作时间规划合理	是○		否○	
5	小组成员已经具备安全环保意识	是○		否○	
决策结果记录					
○还有未解决____________________问题，需要重新修改计划					
○还有未解决的____________________问题，需要补充新的知识					
○计划表规划合理，可以实施计划 培训师：__________　时间：__________					

四、实施计划

（1）请根据车间电源实际布置情况，制定车间电源安全检查报告书，并做小组安全评估（Word文档、PPT均可）。

车间电源报告书包含的内容可参考信息收集部分的相关引导题和设备使用说明书。

(2) 送电演示。

请参考信息收集部分及智能生产线使用说明书，编制设备送电流程表（见表3-5），并按照正确操作步骤进行生产线送电演示。

表3-5　送电流程表

步骤	送电步骤	注意事项	防护措施
1	参考前面的引导题及设备应用说明书		
2			
3			
4			
5			
6			
7			
8			
9			
10			
11			
12			
13			

(3) 送电状态检查。

请完成表3-6所示的送电状态检查表。

表3-6 送电状态检查表

步骤	送电步骤描述	送电后设备状态	送电后设备是否正常运行
1	参考前面的引导题及设备应用说明书		
2			
3			
4			
5			
6			
7			
8			
9			
10			
11			
12			
13			

（4）断电演示。

请参考信息收集部分及智能生产线使用说明书，编制设备断电流程表（见表3-7），并按照正确操作步骤进行生产线停机演示。

表3-7 断电流程表

步骤	断电步骤	注意事项	防护措施
1	参考前面的引导题及设备应用说明书		
2			
3			
4			
5			
6			
7			
8			
9			
10			
11			
12			
13			

续表

步骤	断电步骤	注意事项	防护措施
14			
15			
16			

五、检查控制

表3-8所示是车间电源操作管理评分表，评分项目的评分等级为10—9—7—5—3—0。学员首先如实填写“学员自检评分”部分，教师根据任务完成情况填写“教师检查评分”和“对学员自评的评分”部分，最后经过除权公式算出功能检查总成绩。

表3-8　车间电源操作管理评分表

序号	评分项目	学员自检评分	教师检查评分	对学员自评的评分
1	车间电源安全检查报告书规范合理			
2	送电流程表全面细致			
3	送电状态检查表符合现场情况			
4	断电流程符合规范			
5	操作时符合安全标准			
6				
7				
8				
9				
10				
小计得分（满分50分）				
除数		5	5	5
除权成绩				
功能检查总成绩：=教师检查评分×0.5+对学员自评的评分×0.5 功能检查总成绩：				

“对学员自评的评分”项目评分标准为：“学员自检评分”与“教师检查评分”的评分等级相同或相邻时为10分，否则为0分。

六、评价反馈

表3-9所示是核心能力评分表，表3-10所示是专业能力评分表，表3-11所示是总评分表。

表 3－9　核心能力评分表

学习情境		学习情境3　车间电源	学时		
任务			组长		
成员					
评价项目		评定标准	自评	互评	培训师
核心能力	安全操作	无违章操作，未发生安全事故。 □优（10）　□中（7）　□差（4）			
	收集信息	通过不同的途径获取完成工作所需的信息。 □优（10）　□中（7）　□差（4）			
	口头表达	用语言表达思想感情和对事物的看法，以达到交流的目的。 □优（10）　□中（7）　□差（4）			
	责任心	对事务或工作认真负责。 □优（10）　□中（7）　□差（4）			
	团队意识	心中时刻有团队，团队利益至上，时刻保持合作，共同完成任务。 □优（10）　□中（7）　□差（4）			
小计					
核心能力评价成绩： 核心能力评价成绩（满分100）：=（自评×30%＋互评×30%＋培训师×40%）×2			A1		

表 3－10　专业能力评分表

评价项目		评分标准	综合评分（100分）	除权成绩（乘积）	
专业能力	收集信息	根据信息收集内容完成程度评定		0.2	
	制订计划	根据计划内容的实施效果评定		0.2	
	作出决策	根据决策内容是否完全支撑实施工作评定		0.2	
	实施计划	根据实际实施效果评定		0.2	
	检查控制	依据检查功能表格的分数评定		0.2	
专业能力评价成绩： （满分100分）					A2

表 3－11　总评分表

总评分					
序号	成绩类型	表格	小计分数	权重系数	得分
1	核心能力	A1		0.4	
2	工作过程	A2		0.6	
合计分数					
培训师签名：__________________ 学员签名：__________________					

学习情境 4
车间危险源分析与处理

学习目标

一、知识目标

（1）了解危险源的定义、分类及分级；
（2）识别常见的危险源，掌握相应的防护方法；
（3）正确识别常见危险警告标志及含义。

二、技能目标

（1）能正确全面地辨识岗位危险源及危险因素；
（2）能针对岗位危险源做出合理的防护措施。

三、核心能力目标

（1）能利用网络资源、专业书籍、技术手册等获取有效信息；
（2）能用自己的语言有条理地去解释、表述所学知识；
（3）能够借助学习资料独立学习新知识和新技能，完成工作任务；
（4）能够根据工作任务，制订、实施工作计划；
（5）能够与团队成员之间相互沟通协商，通力合作，圆满完成工作任务。

情境描述 

为提升员工的安全生产意识与事故防范处理能力，车间安全生产办公室决定开展全员岗位危险源辨识活动，各班组负责讨论制定各自岗位危险源风险告知牌样板，汇总到安全生产办，经审核通过后统一制作，同时规定公司不定期开展岗位安全检查工作，各班组协助安全

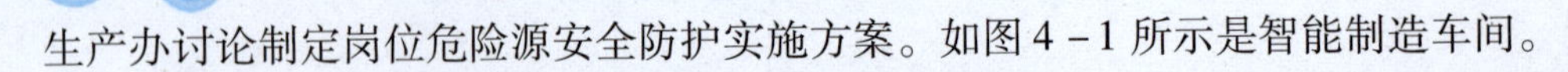

生产办讨论制定岗位危险源安全防护实施方案。如图 4－1 所示是智能制造车间。

图 4－1　智能制造车间

工作过程

一、收集信息

（1）危险源可包括可能导致伤害或危险状态的来源，或可能因暴露而导致伤害和健康损害的环境（《职业健康安全管理体系要求及使用指南 GB/T 45001—2020》中的定义）。简言之，就是事故发生的根源或源头，凡是有导致安全事故发生的各种因素都称为危险源。

（2）生产过程中的危险源按导致事故和职业危害的直接原因分为六大类，请查阅相关手册资料将表 4－1 补充完整。

表 4－1　危险源的分类

序号	分类		危险因素
1			设备设施缺陷、防护缺陷、电危害、噪声危害、振动危害、运动物危害、电磁辐射、明火、能造成灼伤的高温物质、能造成冻伤的低温物质、粉尘与气溶胶、作业环境不良、标志缺陷、信号缺陷、其他物理危险和有害因素
2	生物性危险、有害因素		致病微生物、致害动物、致害植物、传染病媒介物
3			自燃性物质、易燃易爆物质、有毒物质、腐蚀性物质
4	心理或生理性危险、有害因素		辨识功能缺陷、负荷超限、从事禁忌作业、健康状况异常、心理异常
5	行为性危险、有害因素		
6	其他危险、有害因素		

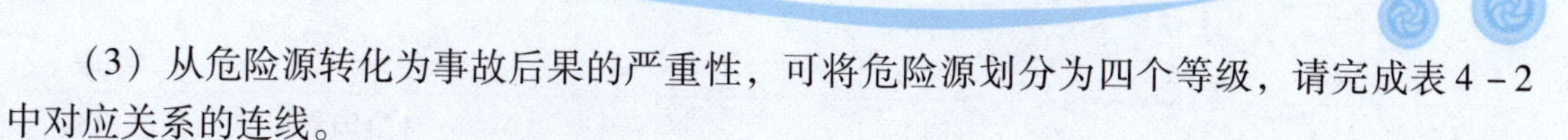

（3）从危险源转化为事故后果的严重性，可将危险源划分为四个等级，请完成表4－2中对应关系的连线。

表4－2　危险源的分级

级别		危害程度		危害后果
一级		危险的		不会造成人员伤害和系统破坏
二级		可忽略的		会造成人员伤害和主要系统损坏，须立即采取控制措施
三级		破坏性的		可能造成人员伤害和主要系统损坏，但可排除和控制
四级		临界的		造成人员伤害以及系统严重破坏

（4）表4－3列举了部分常见危险因素与防护措施的选项，请完成对应关系的连线。

表4－3　危险因素与防护措施对应表

序号	危险因素		防护措施
1	触电伤害		耳塞
2	噪声		工装鞋
3	机械伤害		绝缘鞋、绝缘手套
4	粉尘		安全帽
5	电磁辐射		防尘口罩
6	高空作业（坠物）		防辐射衣

（5）表4－4列举了车间安全检查发现的问题，请补充说明危险因素及整改措施。

表4－4　危险因素与整改措施实例

序号	图例	危险因素	整改措施
1		电器柜内禁止有易燃物，容易引起火灾	

续表

序号	图例	危险因素	整改措施
2			严格遵守操作规程，及时转运
3	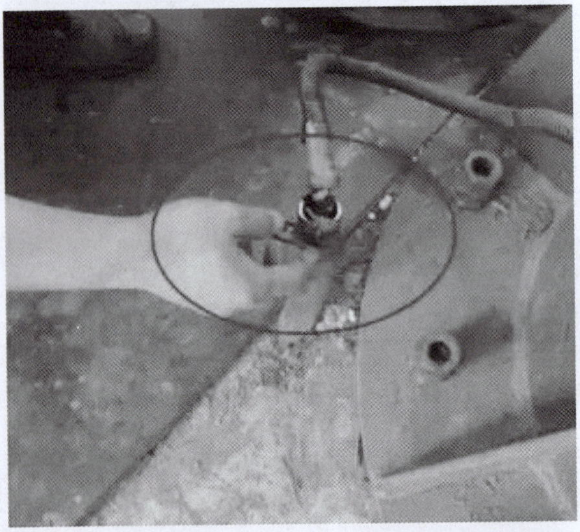	设备的 PE 线应保证有足够的机械强度且配有接地标志，以免因设备漏电而造成触电事故	
4			严格执行车间 6S 管理，及时清理

续表

序号	图例	危险因素	整改措施
5		传动装置防护罩缺失，人员操作时有可能发生绞绕、碰撞、卷入等机械伤害	
6			严格遵守操作规程，使用工具工装推车

（6）下面选项中适合配电柜粘贴的警告标识是（　　）。

（7）下面标识中不适合粘贴在卧式车床上的是（　　）。

A. 

B. 

C. 

D. 

（8）配电房安全风险告知牌如图 4－2 所示，请根据事故诱因的描述，简述事故防范措施。

配电房安全风险点告知牌

风险点名称：配电房

风险等级：
1级 □　2级 □
3级 □　4级 □

管理责任人：

危险因素

1. 火灾
2. 触电
3. 其他伤害

事故诱因

1. 漏电、绝缘损坏、安全距离不够等原因造成触电；
2. 用电设备的负载使用，以及电气连接线的松动和接触不良引起火灾；
3. 工作人员思想麻痹，缺乏防火安全意识，引起火灾；
4. 设备处于长时间运行状态，加速老化，增大了火灾的可能性。
5. 雨水、小动物进入引起短路火灾；
6. 操作人员未按规定穿戴劳动防护用品等引发事故。

安全防范措施、要求

严禁未经培训操作，设备必须接地！

生产部电话：
火警电话：119　急救电话：120

图 4－2　配电房安全风险告知牌

（9）加工中心安全风险告知牌如图 4－3 所示，请根据事故防范措施的描述，简述事故诱因。

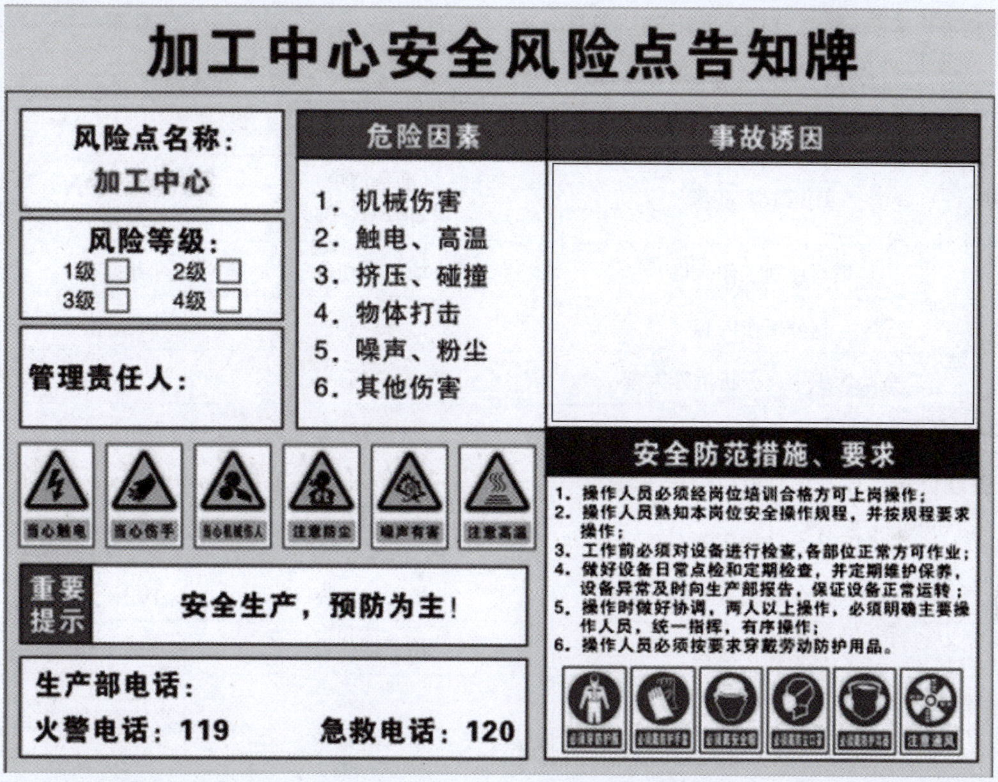

图 4－3　加工中心安全风险告知牌

二、制订计划

为提高工作效率，确保工作质量，小组成员或个人需根据情境任务制定整个工作过程的计划表格。制定内容需要包含工作步骤、工作内容、人员划分、时间分配、安全意识等。请根据情境描述要求，参考收集到的信息，制定工作计划表。表 4－5 所示是车间危险源分析与处理工作计划表。

表 4－5　车间危险源分析与处理工作计划

<table>
<tr><td>学习情境</td><td colspan="2">学习情境 4　车间危险源分析与处理</td><td>姓名</td><td></td><td>日期</td><td></td></tr>
<tr><td>任务</td><td colspan="2">制作岗位危险源风险告知牌及安全防护方案</td><td>小组成员</td><td colspan="3"></td></tr>
<tr><td>序号</td><td colspan="2">工作阶段/步骤</td><td colspan="2">准备清单
设备/工具/辅具</td><td>组织形式</td><td>工作时间</td></tr>
<tr><td>1</td><td colspan="2">填写计划工作表格</td><td colspan="2">填写计划表</td><td>小组工作</td><td></td></tr>
<tr><td>2</td><td colspan="2">划分工作内容</td><td colspan="2">白板</td><td>小组工作</td><td></td></tr>
<tr><td>3</td><td colspan="2">危险源识别，分析危险因素</td><td colspan="2">电脑</td><td>个人工作</td><td></td></tr>
<tr><td>4</td><td colspan="2">讨论防范措施</td><td colspan="2">电脑</td><td>小组工作</td><td></td></tr>
<tr><td>5</td><td colspan="2">制定日常安全防护状态检查表</td><td colspan="2">电脑</td><td>小组工作</td><td></td></tr>
<tr><td>6</td><td colspan="2">制定安全防护实施方案</td><td colspan="2">电脑</td><td>小组工作</td><td></td></tr>
<tr><td>7</td><td colspan="2">实施检查</td><td colspan="2">填写检查表</td><td>小组工作</td><td></td></tr>
<tr><td>8</td><td colspan="2">评估工作过程</td><td colspan="2">填写评估表</td><td>小组工作</td><td></td></tr>
<tr><td>9</td><td colspan="2"></td><td colspan="2"></td><td></td><td></td></tr>
<tr><td>10</td><td colspan="2"></td><td colspan="2"></td><td></td><td></td></tr>
<tr><td colspan="2">工作安全</td><td colspan="5">安全：防触电、防机械伤害、劳动保护用品穿戴整齐</td></tr>
<tr><td colspan="2">工作质量
环境保护</td><td colspan="5">6S 标准：垃圾分类、工具摆放整齐、设备整洁规整</td></tr>
</table>

三、作出决策

小组成员制订计划后，需要在培训师的参与下，对计划表格的内容进行检查和确认。讨论内容包括：计划表工作内容的合理性、小组成员工作划分、时间安排、安全环保意识等。决策表经培训师确认合格后，方可实施任务，否则需要对知识进行补充，对计划进行修改。表 4－6 所示是车间危险源分析与处理决策表。

表4－6　车间危险源分析与处理决策表

学习情境	学习情境4　车间危险源分析与处理	小组名称		日期	
任务		小组成员			
决策内容					
序号	决策点	决策结果			
1	工作划分合理、全面无遗漏	是○		否○	
2	小组内人员工作划分合理	是○		否○	
3	小组成员已经具备完成各自分配任务的能力	是○		否○	
4	工作时间规划合理	是○		否○	
5	小组成员已经具备安全环保意识	是○		否○	
决策结果记录					
○还有未解决的＿＿＿＿＿＿＿＿＿＿＿＿＿＿＿＿问题，需要重新修改计划					
○还有未解决的＿＿＿＿＿＿＿＿＿＿＿＿＿＿＿＿问题，需要补充新的知识					
○计划表规划合理，可以实施计划 培训师：＿＿＿＿＿＿＿＿　时间：＿＿＿＿＿＿＿＿					

四、实施计划

（1）请根据任务分工观察岗位设备及周边环境，完成表4－7和表4－8相关内容的统计。

表4－7　岗位设备能源使用分类

能源使用种类	有√	无√	主要指标√	
AC交流电源	□	□	220 V□	380 V□
蒸汽源	□	□	2.5 MPa□	6 MPa□
液压源	□	□	7 MPa□	14 MPa□
压缩空气源	□	□	0.5 MPa□	0.65 MPa□

表4－8　岗位危险源分类

危险源	有√	无√	危险源	有√	无√
触电伤害	□	□	防护缺陷	□	□
高温蒸汽烫伤	□	□	噪声	□	□
运动物危害	□	□	标志缺陷	□	□
粉尘	□	□	电磁辐射	□	□
设备设施缺陷	□	□	明火	□	□

（2）为完成危险源标识牌的样板制作，请根据岗位设备勘测情况，统计危险源，填写危险因素描述及防护措施（见表4－9）。

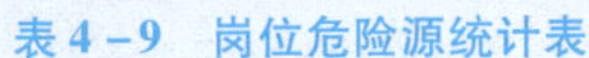

表 4－9　岗位危险源统计表

序号	危险源	危险因素描述	防护措施
1			
2			
3			
4			
5			
6			
7			
8			

（3）为保障产线安全正常运行，请根据岗位设备实际情况，制作重点设备安全防护状态检查表（见表 4－10）。

表 4－10　岗位安全防护检查表

序号	安全防护（操作点）	完好状态	测试人/日期	备注
1			/	
2			/	
3			/	
4			/	
5			/	
6			/	
7			/	
8			/	
			/	

（4）请根据岗位危险源统计情况，制定岗位危险源风险告知公示牌样板并做讲解（Word 文档、PPT 均可）。

危险源风险告知公示牌的内容可参考信息收集部分的相关引导题。

（5）请根据岗位实际情况，讨论制定岗位危险源安全防护方案并做讲解（Word 文档、PPT 均可）。

文档内容要求包含以下几点：

①建立健全危险源安全管理制度；

②建立安全防护设施；

③定期进行事故隐患排查与整改；

④定期进行安全生产教育与安全操作规程培训；

⑤设置安全风险告知牌；

⑥建立事故应急预案并进行演练。

五、检查控制

如表4－11所示是车间危险源分析与处理评分表，评分项目的评分等级为10—9—7—5—3—0。学员首先如实填写“学员自检评分”部分，教师根据任务完成情况填写“教师检查评分”和“对学员自评的评分”部分，最后经过除权公式算出功能检查总成绩。

“对学员自评的评分”项目评分标准为：“学员自检评分”与“教师检查评分”的评分等级相同或相邻时为10分，否则为0分。

表4－11　车间危险源分析与处理评分表

序号	评分项目	学员自检评分	教师检查评分	对学员自评的评分
1	岗位设备能源使用统计正确、全面			
2	岗位危险源统计正确、全面			
3	岗位危险源危险因素描述正确、全面			
4	岗位危险源对应的防护措施规范合理			
5	危险源风险告知公示牌包含危险警告标志			
6	岗位安全防护实施方案内容全面			
7	讲解时声音洪亮，吐字清晰，逻辑性较强			
8				
9				
10				
小计得分（满分70分）				
除数		7	7	7
除权成绩				
功能检查总成绩：＝教师检查评分×0.5＋对学员的自评的评分×0.5 功能检查总成绩：				

六、评价反馈

表4－12所示是核心能力评分表，表4－13所示是专业能力评分表，表4－14所示是总评分表。

表 4-12　核心能力评分表

学习情境		学习情境 4　车间危险源分析与处理	学时		
任务			组长		
成员					
评价项目		评定标准	自评	互评	培训师
核心能力	安全操作	无违章操作，未发生安全事故。 □优（10）　□中（7）　□差（4）			
	收集信息	通过不同的途径获取完成工作所需的信息。 □优（10）　□中（7）　□差（4）			
	口头表达	用语言表达思想感情和对事物的看法，以达到交流的目的。 □优（10）　□中（7）　□差（4）			
	责任心	对事务或工作认真负责。 □优（10）　□中（7）　□差（4）			
	团队意识	心中时刻有团队，团队利益至上，时刻保持合作，共同完成任务。 □优（10）　□中（7）　□差（4）			
小计					
核心能力评价成绩： 核心能力评价成绩（满分 100）：=（自评 ×30% + 互评 ×30% + 培训师 ×40%）×2			A1		

表 4-13　专业能力评分表

评价项目		评分标准	综合评分（100 分）	除权成绩（乘积）	
专业能力	收集信息	根据信息收集内容完成程度评定		0.2	
	制订计划	根据计划内容的实施效果评定		0.2	
	作出决策	根据决策内容是否完全支撑实施工作评定		0.2	
	实施计划	根据实际实施效果评定		0.2	
	检查控制	依据检查功能表格的分数评定		0.2	
专业能力评价成绩： （满分 100 分）					A2

表 4 – 14　总评分表

总评分					
序号	成绩类型	表格	小计分数	权重系数	得分
1	核心能力	A1		0. 4	
2	工作过程	A2		0. 6	
合计分数					
培训师签名：________　学员签名：________					

学习情境5 生产事故应急处理

一、知识目标

（1）了解生产中易发生的事故；
（2）掌握生产中常见事故的处理方法。

二、技能目标

（1）能掌握机械伤害应急处理方法；
（2）能掌握触电事故应急处理方法；
（3）能掌握火灾事故应急处理方法；
（4）能掌握中暑事故应急处理方法。

三、核心能力目标

（1）能利用网络资源、专业书籍、技术手册等获取有效信息；
（2）能用自己的语言有条理地去解释、表述所学知识；
（3）能够借助学习资料独立学习新知识和新技能，完成工作任务；
（4）能够独立解决工作中出现的各种问题，顺利完成工作任务；
（5）能够根据工作任务，制订、实施工作计划，工作过程中有产品质量的控制与管理意识；
（6）能够与团队成员之间相互沟通协商，通力合作，圆满完成工作任务。

情境描述

你作为一名智能生产车间的安全员，在生产中如果发生安全事故，需要第一时间对事故进行紧急处理（见图5－1），因此需要对整个车间的潜在事故类型做出评估与事故解决措施。

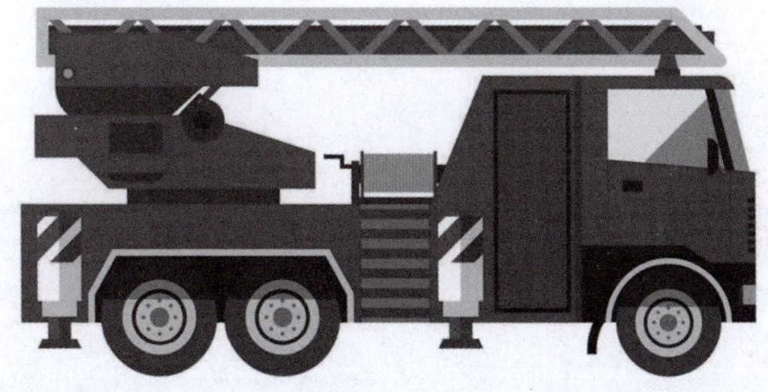

图5－1　生产事故应急处理

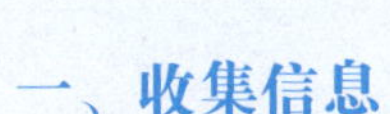

一、收集信息

1. 事故定义

在前面的学习中大家已经了解到，我国安全生产管理方针是“安全第一，预防为主”，根据这一方针要求，企业不仅要将安全生产管理工作放在“第一”的位置上，更重要的还要将事故的预防作为主要工作来抓。因此，“怎样预防事故”便成为企业内安全管理者在工作中每时每刻必须去考虑的问题。

事故定义：事故是指个人或团体在确定目标，并实现目标的行动过程中发生的与人的意志相反的意外事件。

（1）请问你对上述事故定义描述如何理解？

通过查找资料及小组讨论完成。

（2）请你根据上面的事故定义，寻找及发现智能生产线中的潜在危险事故？

机械伤害事故、触电事故、火灾事故等方面。

2. 事故分类及应对措施

请根据下面事故伤害类别（见表5-1），将你找到的智能生产线中的潜在危险源进行归类。

表5-1 事故分类及应对措施

事故类别	说明	应对措施
机械伤害事故	主要指设备上固定运动轨迹的零部件（如滑块、刀片、升降台等）接触人体后对人体产生的夹挤、冲撞形式的伤害	在设备周围的显眼位置放置警示标识或设置围栏； 伤害发生后，关闭设备并将伤者送医院救治

续表

事故类别	说明	应对措施
卷绕绞缠伤害事故	引起这类伤害的是做回转运动的设备备件（如转轴、皮轮等）。当生产人员的肢体、头发、衣物与回转备件卷绕时将发生此类伤害	在设备转动部位安装防护罩，防止生产人员与之接触； 伤害发生后立即关停设备，通知医院进行处理
备件飞出坠落伤害事故	指设备运转时发生备件断裂、松动、脱落对人体造成的伤害	安检人员应定期检查易发生断裂的备件连接点，并尽量将设备放置在人员较少的位置； 伤害发生后关停设备，将伤者送医院救治
电流伤害事故	主要指因电流热效应、化学效应造成的电弧伤害、融化金属溅出烫伤等	安检人员应定期对设备电路、电源情况进行检查，排除安全隐患； 伤害发生后立即切断设备电源，清空周围导电物品，救助人员穿防护服对伤者进行初步救治，并及时送医院治疗
高温伤害事故	主要指生产人员因接触设备发热部位（如锅炉外壁、管道等）造成的烫伤	伤害发生后按烧伤、烫伤处理办法进行医治
辐射伤害事故	主要指具有放射性的设备对人体造成的辐射伤害	生产人员应穿着专业防护服进行设备操作

主要从机械伤害事故、飞溅事故、电流伤害事故等方面考虑。

3. 安全事故应急救护预案

（1）制定应急救护预案的目的。

为提高设备发生安全事故时对伤者的应急救护效率，工厂安全部、设备部经过对全厂设备进行详细、周密地调研，并在对已发生的安全事故进行经验总结的基础上，特制定本预案。

（2）职责分工。

①生产班组长应及时组织生产现场人员进行伤者救护、现场隔离、事故上报以及伤者送医救治等工作。

②工厂医护人员对伤者进行专业急救护理，保证伤者安全送医。

③生产现场工作人员听从生产班组长指挥进行救护工作。

（3）设备安全事故的急救实施。

①现场急救准备。生产班组长在发现人员伤情后及时派人取用现场急救工具，并通知工厂医护人员到达现场进行救护。在医护人员未到达之前，生产班组长可要求有急救经验的人员先运用止血带、现场材料和工具对伤者进行止血和骨折固定等基础急救措施以稳定伤情，待医护人员到达后再进行妥善处理。

②触电急救。设备操作人员因设备带电而遭受电击并造成休克的，生产班组长应首先及时切断现场电源，或采用其他方法将伤者移至安全区域，并要求有专业急救知识的人采用心肺复苏术等方法进行急救。

③皮肤撕裂的急救。设备事故伤者出现皮肤撕裂外伤时，应首先用生理盐水冲洗伤口并涂抹药水后，用消毒纱布、医用棉紧紧包扎，压迫止血。有条件的应使用抗菌素或注射抗破伤风血清，预防撕裂伤口感染。

④止血急救。生产班组长在要求现场人员进行基础救治时，要注意止血带的使用要求，具体事项如下：

a. 止血带不能直接和皮肤接触，必须先用纱布、棉花或衣服垫好。

b. 扎好止血带后、未进行正式医治前，要每隔 1 小时松解 1 ~ 2 分钟，以保证受伤部位的血液循环，然后在另一稍高的部位扎紧。

c. 扎止血带的部位不要离出血点太远，以避免使更多的肌肉组织缺血、缺氧。一般止血带的位置是上臂或大腿上三分之一处。

根据上面的施救原则，以小组为单位完成下面演练项目，并写出演练过程。

（1）如果发生了机械伤害事故（见图 5 – 2），参考上述应对措施，制订施救计划，并以小组为单位进行施救演练。

图 5 – 2　机械伤害事故

（2）如果发生了电流伤害事故（见图5－3），参考上述应对措施，制订施救计划，并以小组为单位进行施救演练。

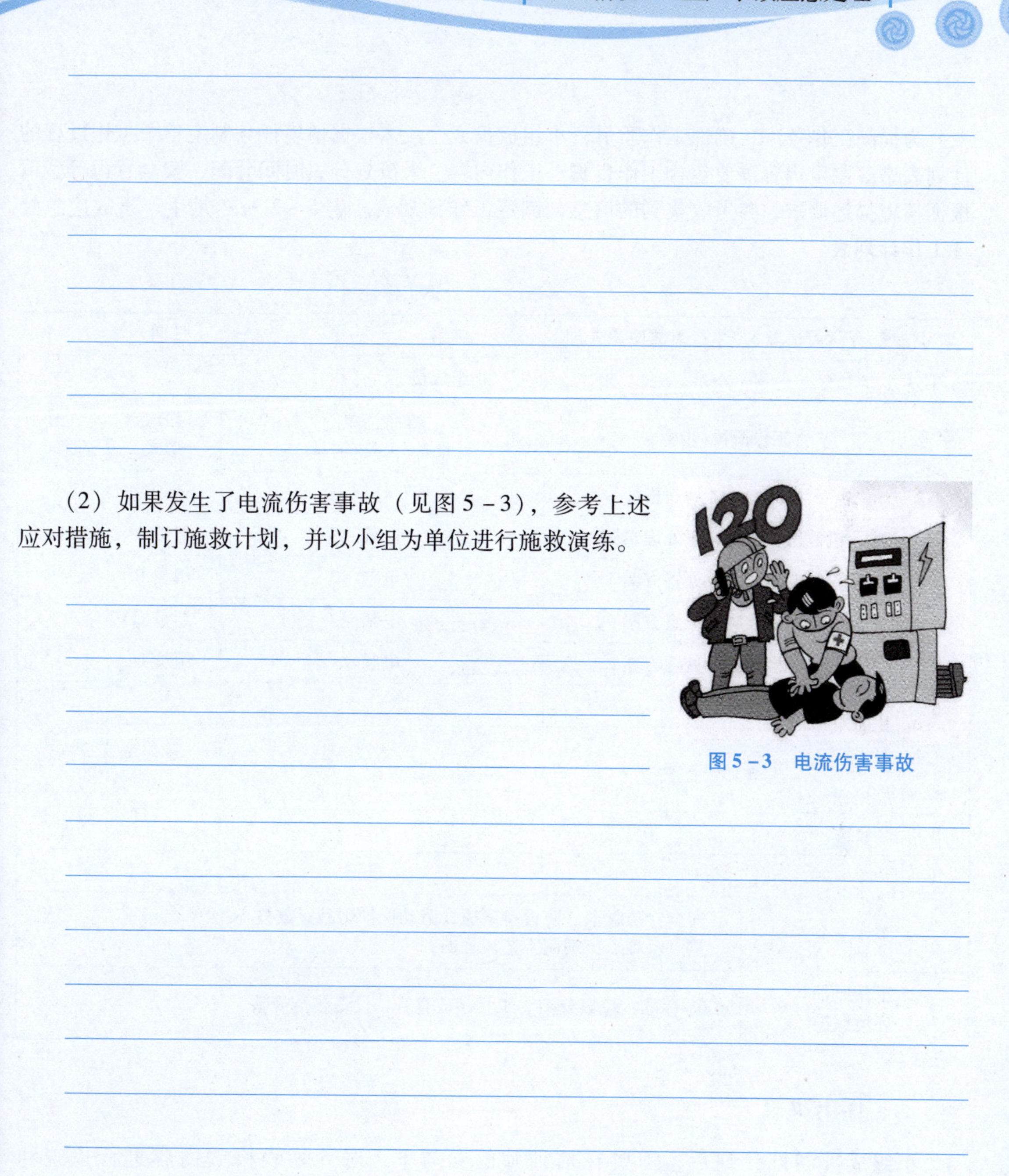

图5－3　电流伤害事故

二、制订计划

为提高工作效率，确保工作质量，小组成员或个人需根据情境任务制定整个工作过程的计划表格。制定内容需要包含工作步骤、工作内容、人员划分、时间分配、安全意识等。请根据情境描述要求，参考收集到的信息，制定工作计划表。表 5－2 所示是生产事故应急处理工作计划表。

表 5－2　生产事故应急处理工作计划表

<table>
<tr><td>学习情境</td><td colspan="2">学习情境 5　生产事故应急处理</td><td>姓名</td><td></td><td>日期</td><td></td></tr>
<tr><td>任务</td><td colspan="2"></td><td>小组成员</td><td colspan="3"></td></tr>
<tr><td>序号</td><td colspan="2">工作阶段/步骤</td><td colspan="2">准备清单
设备/工具/辅具</td><td>组织
形式</td><td>工作
时间</td></tr>
<tr><td>1</td><td colspan="2">填写工作计划表格</td><td colspan="2">填写计划表</td><td>小组工作</td><td></td></tr>
<tr><td>2</td><td colspan="2">机械伤害事故应急处理实施</td><td colspan="2">电脑</td><td>组员 A</td><td></td></tr>
<tr><td>3</td><td colspan="2">触电事故应急处置方案</td><td colspan="2">电脑</td><td>组员 B</td><td></td></tr>
<tr><td>4</td><td colspan="2">火灾事故应急处置方案</td><td colspan="2">电脑</td><td>组员 C</td><td></td></tr>
<tr><td>5</td><td colspan="2">中暑事故应急处置方案</td><td colspan="2">电脑</td><td>组员 D</td><td></td></tr>
<tr><td>6</td><td colspan="2"></td><td colspan="2"></td><td></td><td></td></tr>
<tr><td>7</td><td colspan="2"></td><td colspan="2"></td><td></td><td></td></tr>
<tr><td>8</td><td colspan="2"></td><td colspan="2"></td><td></td><td></td></tr>
<tr><td>9</td><td colspan="2"></td><td colspan="2"></td><td></td><td></td></tr>
<tr><td>10</td><td colspan="2"></td><td colspan="2"></td><td></td><td></td></tr>
<tr><td colspan="2">工作安全</td><td colspan="5">安全：防触电、防设备碰撞，劳动保护用品穿戴整齐。
重点及难点：编制工艺流程图</td></tr>
<tr><td colspan="2">工作质量
环境保护</td><td colspan="5">6S 标准：垃圾分类、工具摆放整齐、设备整洁规整</td></tr>
</table>

三、作出决策

小组成员制订计划后，需要在培训师的参与下，对计划表格的内容进行检查和确认。

讨论内容包括：计划表工作内容的合理性、小组成员工作划分、时间安排、安全环保意识等。决策表经培训师确认合格后，方可实施，否则需要对知识进行补充，对计划进行修改。表 5－3 所示是生产事故应急处理工作决策表。

表 5－3　生产事故应急处理工作决策表

学习情境	学习情境 5　生产事故应急处理	小组名称		日期	
任务		小组成员			
决策内容					
序号	决策点	决策结果			
1	工作划分合理、全面无遗漏	是○		否○	
2	小组内人员工作划分合理	是○		否○	
3	小组成员已经具备完成各自分配任务的能力	是○		否○	
4	工作时间规划合理	是○		否○	
5	小组成员已经具备安全环保意识	是○		否○	
决策结果记录					
○还有未解决的＿＿＿＿＿＿＿＿＿＿＿＿＿＿问题，需要重新修改计划					
○还有未解决的＿＿＿＿＿＿＿＿＿＿＿＿＿＿问题，需要补充新的知识					
○计划表规划合理，可以实施计划 培训师：＿＿＿＿＿＿＿＿　时间：＿＿＿＿＿＿＿＿					

四、实施计划

1. 机械伤害事故应急处理实施

在机械使用过程中，易发生撞伤、碰伤、绞伤、夹伤、打击、切削等伤害。

危害程度：机械伤害会使人员手指绞伤、皮肤裂伤、断肢、骨折，严重的会使身体卷入轧伤致死，或者部件、工件飞出，打击致伤，甚至会造成死亡。

事故征兆及原因：

①设备存在隐患，经常带病工作，设备发出异常声音。

②安全防护不健全或形同虚设。

③修理、检查机械时，未断电检修，电源处未挂警示牌等。

④违章作业，随便进入危险作业区。

⑤不熟悉操作规程，无证上岗，安全意识差等。

（1）请你制定机械伤害事故现场（见图 5－4）应急处置措施方案。

＿＿＿＿＿＿＿＿＿＿＿＿＿＿＿＿＿＿＿＿＿＿＿＿＿＿＿＿

＿＿＿＿＿＿＿＿＿＿＿＿＿＿＿＿＿＿＿＿＿＿＿＿＿＿＿＿

＿＿＿＿＿＿＿＿＿＿＿＿＿＿＿＿＿＿＿＿＿＿＿＿＿＿＿＿

图 5－4　机械伤害事故现场

（2）在机械伤害事故现场应急处置中，需要注意哪些事项？

2. 触电事故应急处置方案

触电伤害主要分为电击和电伤两大类。

电击：指电流通过人体内部器官时，破坏人的心脏、肺部、神经系统等，使人出现痉挛、呼吸窒息、心颤、心跳骤停甚至死亡。

电伤：指电对人体外部造成局部伤害，即由电流的热效应、化学效应、机械效应对人体外部组织或器官的伤害，如电灼伤、金属溅伤、电烙印。

请你制定触电事故现场（见图5－5）应急处置措施方案。

图5－5　触电事故现场

3. 火灾事故应急处置方案

请你查阅相关资料，制定出火灾事故现场应急处置措施方案（见图5－6）。

图5－6　火警119

4. 中暑事故应急处置方案

中暑症状：

先兆中暑：在高温环境中，出现头晕、心慌、眼花、耳鸣、恶心、大量出汗、全身疲乏、体温略高。

轻症中暑：体温在 38 ℃以上；面色潮红，皮肤灼热等现象；面色苍白、恶心、呕吐、大量出汗、皮肤湿冷、血压下降、脉搏细弱而快等情况。

重症中暑：出现昏倒或痉挛，或皮肤干燥无汗，体温在 40 ℃以上。

请你查阅相关资料，制定出中暑事故现场（见图 5－7）应急处置措施方案。

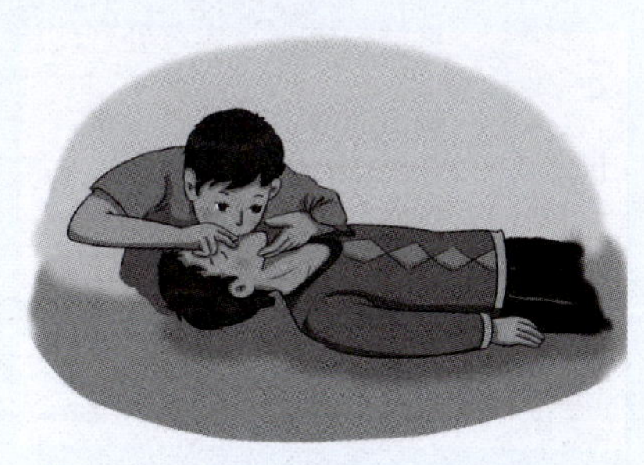

图 5－7　中暑事故现场应急处置

五、检查控制

表 5－4 所示是生产事故应急处理评分表，评分项目的评分等级为 10—9—7—5—3—0。学员首先如实填写“学员自检评分”部分，教师根据任务完成情况填写“教师检查评分”和“对学员自评的评分”部分，最后经过除权公式算出功能检查总成绩。

“对学员自评的评分”项目评分标准为：“学员自检评分”与“教师检查评分”的评分等级相同或相邻时为 10 分，否则为 0 分。

表 5－4 生产事故应急处理评分表

序号	评分项目	学员自检评分	教师检查评分	对学员自评的评分
1	填写工作计划表格			
2	机械伤害事故应急处理实施			
3	触电事故应急处置方案			
4	火灾事故应急处置方案			
5	中暑事故应急处置方案			
6				
7				
8				
9				
10				
小计得分（满分 50 分）				
除数		5	5	5
除权成绩				
功能检查总成绩：＝教师检查评分×0.5＋对学员的自评的评分×0.5 功能检查总成绩：				

六、评价反馈

表 5－5 所示是核心能力评分表，表 5－6 所示是专业能力评分表，表 5－7 所示是总评分表。

表 5－5 核心能力评分表

学习情境		学习情境 5 生产事故应急处理	学时		
任务			组长		
成员					
评价项目		评定标准	自评	互评	培训师
核心能力	安全操作	无违章操作，未发生安全事故。 □优（10） □中（7） □差（4）			
	收集信息	通过不同的途径获取完成工作所需的信息。 □优（10） □中（7） □差（4）			

续表

学习情境		学习情境 5　生产事故应急处理	学时		
任务			组长		
成员					
评价项目		评定标准	自评	互评	培训师
核心能力	口头表达	用语言表达思想感情和对事物的看法，以达到交流的目的。 □优（10）　□中（7）　□差（4）			
	责任心	对事务或工作认真负责。 □优（10）　□中（7）　□差（4）			
	团队意识	心中时刻有团队，团队利益至上，时刻保持合作，共同完成任务。 □优（10）　□中（7）　□差（4）			
小计					
核心能力评价成绩： 核心能力评价成绩（满分 100）：=（自评 ×30% + 互评 ×30% + 培训师 ×40%）×2					
			A1		

表 5－6　专业能力评分表

评价项目		评分标准	综合评分（100 分）	除权成绩（乘积）	
专业能力	收集信息	根据信息收集内容完成程度评定		0. 2	
	制订计划	根据计划内容的实施效果评定		0. 2	
	作出决策	根据决策内容是否完全支撑实施工作评定		0. 2	
	实施计划	根据实际实施效果评定		0. 2	
	检查控制	依据检查功能表格的分数评定		0. 2	
专业能力评价成绩： （满分 100 分）					
					A2

表 5－7　总评分表

总评分					
序号	成绩类型	表格	小计分数	权重系数	得分
1	核心能力	A1		0. 4	
2	工作过程	A2		0. 6	
合计分数					
培训师签名：＿＿＿＿＿＿＿　学员签名：＿＿＿＿＿＿＿					

学习情境6 智能生产线总体认知

一、知识目标

（1）熟悉智能生产线控制核心；

（2）熟悉智能生产线技术要点。

二、技能目标

（1）能掌握智能生产线的基础功能；

（2）能掌握智能生产线的控制架构。

三、核心能力目标

（1）能利用网络资源、专业书籍、技术手册等获取有效信息；

（2）能用自己的语言有条理地去解释、表述所学知识；

（3）能够借助学习资料独立学习新知识和新技能，完成工作任务；

（4）能够独立解决工作中出现的各种问题，顺利完成工作任务；

（5）能够根据工作任务，制订、实施工作计划，工作过程中有产品质量的控制与管理意识；

（6）能够与团队成员之间相互沟通协商，通力合作，圆满完成工作任务。

你作为一名智能生产线的管理人员，需要对整个智能生产线功能及控制要点十分熟悉，因此需要对整体生产线进行全面技术分析。

工作过程

一、收集信息

1. 智能生产线系统组成

智能生产线系统（见图6－1）采用当今企业数字化智能制造生产线实际现有的成熟技术、成熟装备进行技术集成，在保证每个组成单元稳定可靠的基础上，发挥技术的先进性和可行性，把各个单元合理地组合成具有一定创新性、先进性的数字化智能制造集成系统。本系统接近于工业化，又考虑到了立足于教学，保证学生的参与性与安全性，做到了教学与工业的完美融合。

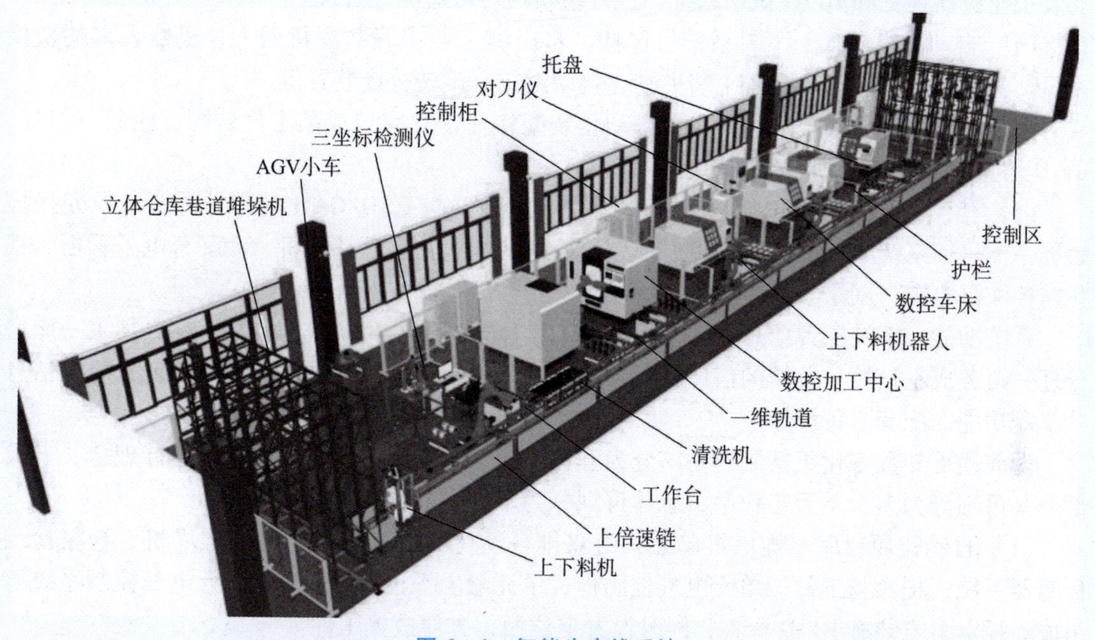

图6－1　智能生产线系统

数字化柔性制造系统由五个分系统构成：数字化设计系统、加工制造系统、仓储物流系统、自动化机器人上下料系统、信息管理系统。其满足数字化工厂理念，包括工件仓储管理、数字化设计、数字化制造加工与后处理、自动化输送、信息管理等一系列自动化过程。

（1）数字化设计系统：包括数字化设计平台、CAD/CAM 设计软件。

系统功能：通过系统控制计算机，进行加工工件的图形设计及加工仿真数控程序和工艺规程编制作业，加工程序并可通过网络上传至相应数控机床。

（2）加工制造系统：包括3 套数控车床与1 套数控立式车床及自动化改造装备、2 套数控加工中心及自动化改造装备、自动清洗机、三坐标检测、伺服行走轴、工业上下料串联机器人、机器人末端快换工具、网络 DNC 软件、MES 生产管理系统软件。它采用网络化管理形成一个系统，为一个多机床与机器人组合的数字化柔性加工单元，各个加工执行设备又可以是一个独立的工作单元。

系统功能：数控机床进行工件夹具、外挡门自动开关、电气系统联网等自动化改造，通过带行走轴工业串联机器人上下料，进行工件加工作业。所有数控机床进行网络 DNC 连接和 MDC 数据监控，学生仿真实训编制加工程序，教师审核数控程序后通过服务器和网络上传至数控机床加工作业。生产制造过程配置的 MES 生产管理系统软件，实现库房、原料及生产加工流程控制管理。

（3）仓储物流系统：包括立体仓库与堆垛机系统、倍速链传输线、升降输送机、出入库平移台、AGV 移动机器人、工业视觉检测系统、RFID 识别系统、仓储管理软件等。它是一个完整的仓储物流系统。

系统功能：系统配置原料库与成品库、工业型巷道式堆垛机，控制系统安装仓储管理软件进行仓库管理与盘点作业。同时配置输送系统，进行工件加工检测输送作业。输送系统上安装工业机器视觉和 RFID 识别系统，进行物联网与可追溯性管理。

（4）自动化机器人上下料系统：包括六自由度工业串联装配机器人、机器人末端快换工具、机器人一维移动轨道、工装夹具、自动定位、旋转分度装置等。

系统功能：进行加工成品各工件自动化装配作业，并完成成品工件装配、涂胶、打标、RFID 信息检测等一系列后处理功能，并最终入库。

（5）信息管理系统：包括基于 B/S 架构的服务器与 CAD/CAM 编程计算机、单元操控触屏一体机、系统主控工业计算机、视频监控系统、仓储管理计算机、大屏幕电子看板、视频监控液晶电视、网络实施配套器材等。

系统功能：系统配置信息管理软件，实现整体柔性制造生产线的设计—生产加工—库房管理—财务成本核算—总控的信息化管理，是满足系统数字化设计、加工、管理，总控信息共享等功能的配套必备设施。

由前述可知数字化柔性制造系统分为五大部分。根据柔性特征和模块化设计理念，五大部分又可细分为多个单元工作站，总体可划分为 10 个单元支链工作站。

（1）自动化原料库与堆垛机单元：由双排自动化立体仓库、巷道式堆垛机、仓格检测传感器系统、托盘与工件、单元电气控制柜、单元触屏操控终端、PLC 单元电气控制系统等组成。托盘上安装有 RFID 标签，同时设置定位槽，方便放置工件。

单元功能：该单元通过堆垛机自动化出库搬运作业，使托盘与工件完成出库输送加工和成品入库过程。通过 RFID 信息等进行仓储盘点等物流管理作业。单元独立电气控制，可脱离系统通过人机界面进行操作和试验。

（2）加工系统单元：由 4 套出入库平移台、6 套双层变频调速倍速链输送机、2 台升降输送机、8 套工位工作站、气动定位装置、单元 PLC 电气控制系统、单元触屏操控终端、单元控制柜等组成。

单元功能：该单元根据流程，通过升降输送机和双层倍速链输送机输送托盘和原料，通过机器人末端工具拾取送入数控加工和完成成品入库。

（3）工业视觉检测与 RFID 识别单元：由 2 套西门子 RFID－RF380 读写器与支架、电子标签、1 套康耐视工业视觉检测系统组成。RFID 电子标签安装在托盘上，随托盘出入库设置出库读写器和入库读写器检测，该单元通过工业以太网等与主控进行数据传输。

单元功能：主要进行托盘上工件出入库信息检测。RFID 通过工业以太网总线与总控进行信息传递与处理。康耐视视觉检测装置主要进行出库零件信息检测，其检测结果与总控通

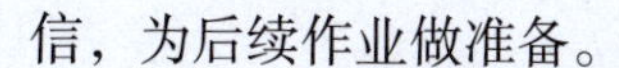

信，为后续作业做准备。

（4）工业机器人上下料单元：由4套汇博工业机器人、2套ABB工业机器人、4套机器人快换工具、6套末端气动工具、2套伺服行走轴、4套机器人底座、6套机器人控制柜示教盒等组成。

单元功能：该单元通过六自由度工业机器人末端工具对双层倍速链输送线托盘上待加工工件进行自动拾取，搬运至数控车床气动夹具内，夹具夹紧加工，加工完毕后，拾取工件并送回双层倍速链输送线托盘内。

（5）数控加工单元：由3套数控车床、1套数控立式车床自动化改造装备、2套数控加工中心（增加第4轴）和自动化改造装备、数控机床DNC联网系统、单元触屏操控终端组成。它主要为实现挡门自动化、自动化夹盘或夹具和控制系统联网集成改造。

单元功能：该单元分别通过6套工业机器人上下料，由涡轮增压关键零件数控加工中心和涡轮增压关键零件数控车床进行加工作业。

（6）自动清洗单元：自动清洗机由上罩、机体、回转工作台及转动装置、进出料输送系统，清洗液箱及加热、过滤系统，清洗液喷洗、吸雾排空系统，压缩空气吹水、烘干及补吹系统，电气控制系统等组成。

单元功能：该单元通过各方向清洗液喷洗、吸雾排空系统，压缩空气吹水、烘干及补吹系统，清除涡轮增压关键零件加工后表面的残余铁屑，为零件检测做好准备。

（7）涡轮增压关键零件检测单元：由三坐标测量机及配套辅助夹具、与测量机配套的电脑及相关软件等组成。

单元功能：需要抽检的零件由上下料机器人抓取到中转平台，然后由人工进行抽检，检测完成后，通过单元电脑上传检测数据，通过与系统中的标准数据进行对比，判断零件是否合格，并根据检测结果来调整系统参数，实现整个系统的数字化管理。

（8）自动化成品仓库与堆垛机单元：由双排自动化立体仓库、巷道式堆垛机、仓格检测传感器系统、托盘与工件、单元电气控制柜、单元触屏操控终端、PLC单元电气控制系统等组成。托盘上安装有RFID标签，同时设置定位槽，方便放置工件。

单元功能：该单元通过堆垛机自动化入库搬运作业，使得托盘与工件完成出库输送加工和成品入库过程。通过RFID信息等进行仓储盘点等物流管理作业。该单元为独立电气控制，可脱离系统通过人机界面进行操作和试验。

（9）AGV运载机器人单元：由1套磁导航工业级AGV运载机器人、无线数传通信系统、1套车载辊筒输送机、磁导航运行轨迹等组成。

单元功能：完成入库后的工件通过码垛机、出入库平移台被输送至磁导航AGV后，运送至成品展示台，以供观赏查看或赠送参观者（系统正常流程时不运行）。

（10）总控信息管理单元：由2套高性能服务器、1台系统总控工业计算机、系统总控柜、CAD/CAM软件、MES生产管理软件、系统总控软件、系统视频监控与网络硬件及工程、3套设计监控计算机、2套电子看板、6套监控显示大屏液晶电视、网络布线工程、系统布线工程等组成。总控通过工业以太网等总线进行各单元集成作业。

单元功能：系统通过工业总线和以太网络联网，各分单元同总控做数据交换，起到监控并协调管理各分站单元按流程作业的功能。

根据上述智能生产线的描述，查阅设备使用说明书，完成（1）、（2）引导题。

（1）请问该智能生产线包括哪些工作站？

（2）该智能生产线中的工作站分别由哪些元器件和设备组成？

2. 智能生产线系统功能概述

生产管理系统 MES 下达生产任务后，系统开始运行，系统启动后，相应待加工工件和托盘由自动堆垛机从自动化立体仓库原料库中取出，送到加工侧出库平移台上，出库平移台运行，托盘工件经气动定位装置和传感器检测，停止在 RFID 读写器上方，进行托盘上 RFID 电子标签信息读取，读取完毕后，托盘工件继续运行，传送到倍速链输送机上。

托盘工件继续向下传输，经光电传感器与气动定位装置后停止在康耐视工业视觉检测装置下，检测托盘上工件的形状及位姿，给机器人抓取与机床加工提供准确的信息；从工位工作站上，工业机器人动作，末端工具抓取工件，此时，数控加工中心与车床挡门自动开启，机器人将工件送至自动化夹具内夹紧工件后，机器人退出，挡门关闭，开始加工（根据工艺流程）；加工完毕，机器人抓取工件放在翻转平台上翻转工件，然后抓取工件的另一位置放到数控车削中心夹盘上，夹盘夹紧工件后，机器人退出，挡门关闭，开始加工（根据工艺流程），加工完毕后，拾取半成品工件送回托盘上。

托盘和工件继续向下传输，光电传感器与气动定位装置停止后，工业机器人动作，末端工具抓取工件，上下料工业机器人将工件送至四轴数控加工中心内的自动化夹具内将其夹紧，按照预先设定的程序进行加工，机床上下料过程与上述相同，加工完毕后，上下料工业机器人拾取工件送回输送线托盘内，由移载输送机输送至倍速链输送线。

托盘和工件继续向下传输，经光电传感器与气动定位装置后停止，带伺服行走轴的工业机器人动作，末端工具抓取托盘内工件，上下料工业机器人数控加工中心内的自动化夹具将其夹紧，按照预先设定的程序进行加工，机床上下料过程与上述相同，加工完毕后，上下料工业机器人拾取工件送回输送线托盘内，由移载输送机输送至倍速链输送线。

托盘工件继续向下传输，经光电传感器与气动定位装置后停止在康耐视工业视觉检测装置下，检测托盘上工件的形状及位姿，由工业机器人抓取工位上加工完成的零件，放到自动清洗机内，零件经清洗液喷洗、吸雾排空系统，压缩空气吹水、烘干及补吹系统处理后，零件加工后表面残余铁屑被清理，为零件检测做好准备；清洗完成的零件由上下料机器人抓取到三坐标平台，然后进行关键尺寸检测，检测完成后，通过单元电脑上传检测数据，通过与系统中的标准数据进行对比，判断零件是否合格，并根据检测结果来调整系统参数，实现整个系统的数字化管理。

检测完成的工件被放在托盘上，由出入库平移台、码垛机完成成品入库；根据主控上位机指令，通过码垛机、出入库平移台，将成品中的工艺品或礼品输送至 AGV 运载机器人（AGV 根据上位机指令已经在出入库平移台出库端等候），运行至成品展示台，以供观赏查看或赠送参观者（系统正常流程时不运行）。

托盘行至平移台末端，中间通过 RFID 电子标签读写器，将零件的最新数据写入托盘下面的电子标签里；由堆垛机拾取，搬运至仓库相应仓格内放置。仓库与仓格内的产品数量、质量、标签等信息，总控会实时更新与记录，可供随时调用查询，并可追溯至原料及加工各阶段。

系统配置 2 套高性能服务器、1 台系统总控工业计算机、系统总控柜、CAD/CAM/CAE 软件、MES 生产管理软件、系统总控软件、6 套液晶视频监控电视、2 套电子看板系统，进行系统信息管理与加工过程监控。

根据上述智能生产线的功能描述，查阅设备使用说明书，完成下面引导题。

（1）请问该智能生产线中的工业机器人主要起什么作用？应用工业机器人的优点有哪些？

（2）在该智能生产线中，使用哪些种类的数控机床？各起什么作用？

（3）请问该智能生产线中的 RFID 电子标签读写器起什么作用？

3. 智能生产线设计理念

（1）体现工业 4.0：“工业 4.0 智能控制系统实训室”（见图 6－2）将整体涵盖高端装备制造业自动化领域中的核心技术，将工业机器人、工业网络技术与现代化工业生产进行了整体融合，充分体现现代化制造、管控一体、两化融合的现代企业生产模式和管理理念，为高技能综合型人才培养提供一个新的载体，为现代机器人技术及工业自动化生产的综合应用提供一个新的人才培养和创新平台，针对不同人才规格的分层培养目标，体现现代机器人产业中设计、操作、安装、调试、维护、维修、升级改造、二次开发等能力要素，模拟工业生产模式的全过程，培养机器人技术应用领域高素质技术技能型人才。

图 6－2　智能控制系统实训室

（2）高度信息化、智能化：本方案吸收学习《中国制造 2025》与《教育信息化十年发展规划（2011—2020 年）》精神，配合高职高校迎接第三次和第四次工业革命所产生的机遇，以实际工业级数字化企业工厂为基础，以机器人技术为核心，完全配置工业级设备，将 MES/WMS 等信息化系统集成于此平台上，同时引入物联网 RFID 和周密的监控网络，打造可追塑性产品制造过程，使得系统各部分形成一个完整的企业级信息化体系，为实现一体化的数字化制造教学平台建立坚实的基础。

（3）体现机器人应用、兼顾全面性：实训室建设充分体现工业机器人及智能装备发展趋势与应用动向，所展示的机器人及机电一体化装备，类型丰富，涉及内容全面。以结合生

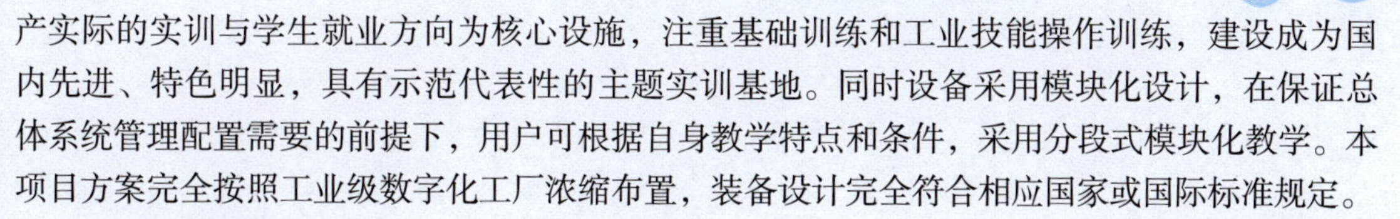

产实际的实训与学生就业方向为核心设施，注重基础训练和工业技能操作训练，建设成为国内先进、特色明显，具有示范代表性的主题实训基地。同时设备采用模块化设计，在保证总体系统管理配置需要的前提下，用户可根据自身教学特点和条件，采用分段式模块化教学。本项目方案完全按照工业级数字化工厂浓缩布置，装备设计完全符合相应国家或国际标准规定。

项目方案具体采用“三化”理念指导建设：

(1) 工业化：贴近工业生产应用和工业标准，服务于教学行业和企业，体现机器人综合应用创新。

(2) 模块化：采用模块化结构，可方便地实现分布式控制和系统扩展，在实际教学应用中，既可保证每个模块单独实训，又可进行系统联机实训，遵循循序渐进的学习方式和教学规律。

(3) 多样化：机器人品牌多样化，包括四大家族与汇博机器人品牌。作业形式多样，尽可能多地体现典型工业场景和典型应用，尽可能多地满足行业和企业多样化人才需求。

实训室建设“五性”原则：

(1) 前瞻性：能反映出未来机器人产业的主要发展趋势，代表机器人快速发展、制造业转型升级的主要方向。同时与高技能人才培养目标相符合，打造成在区域内具有引领性的教学示范基地，并起到辐射作用。

(2) 系统性：涵盖设计、工艺、加工、检测等产品各个环节。

(3) 广泛性：涵盖演示、体验、认知、实训、开放实验、课程设计等一系列教学活动。

(4) 层次性：体现机器人技术应用从操作、维护到改造等不同应用的层次性，适应人才培养从中职、高职甚至应用型本科到工程硕士等不同需要的层次性。

(5) 可靠性：依据当前主流成熟技术及主流成熟装备进行技术和系统集成，在确保每个组成单元稳定可靠的基础上、考虑技术的先进性、可行性和工业化，有机地将各个单元组合成具有一定创新性、先进性和实用性的柔性制造系统。

阅读上面的智能生产线描述，通过查阅资料，完成下面的分析题。

(1) 请问该智能生产线中为什么要进行分站点控制、模块化设计？这样设计有什么优点？

从安装（包括机械和电气安装）、调试、整线运行的可靠性、维护的方便性及使用的灵活性等方面考虑。

（2）依据上面的智能生产线描述，该智能生产线有哪些特点和优点？

从智能生产线的设计理念、实用性、高效性、自动化程度、模块化设计、智能化设计等方面进行分析。

4. 智能生产线应用分析

本应用系统以礼品加工生产线应用案例为例，在上述通用型智能生产线基础之上，结合礼品生产工艺流程，确认该应用系统功能为：系统配置信息管理软件，实现整体柔性制造生产线的设计—生产加工—库房管理—财务成本核算—总控的信息化管理，满足系统数字化设计、加工、管理，总控信息共享等功能。

该应用系统满足前述的数字化智能生产线柔性制造系统的五大部分：数字化信息管理系统、数字化设计系统、加工制造系统、仓储物流系统、装配与后处理系统。根据柔性特征和模块化设计理念，这五大部分又可细分为多个单元，总体可划分为 8 个支链工作单元。

参考各单元描述，分析下面 8 个工作单元的功能，并完成各单元功能分析。

（1）自动化原料库与堆垛机单元：由双排自动化立体仓库、巷道式堆垛机、2 套出入库平移台、1 套西门子 RFID – RF380 读写器与支架、电子标签、物料检测传感器系统、托盘与工件、单元电气控制柜、单元触屏操控终端、PLC 单元电气控制系统等组成。托盘上安装有 RFID 标签，同时设置定位槽，方便放置工件。

单元功能：

（2）数控加工系统单元：由1套数控车削中心及自动化改造装备、1套三轴数控加工中心及自动化改造装备、数控加工中心定制夹具、1套六自由度工业机器人末端手爪工具和末端快换工具、伺服一维行走轴、倍速链输送机及气动定位装置和顶升移载输送机、工位工作站、1套工业视觉和系统开发集成及铝合金支架与防护罩、智能制造单元配套的MES系统、单元PLC电气控制系统、单元触屏操控终端、单元控制柜等组成。

单元功能：

(3) 礼品加工单元：由1套四轴数控加工中心及自动化改造装备、数控加工中心定制夹具、1套六自由度工业机器人末端手爪工具和末端快换工具、伺服一维行走轴、1套光电自动瞄准式刀具测量仪、倍速链输送机及气动定位装置和顶升移载输送机、工位工作站、智能制造单元配套的MES系统、单元PLC电气控制系统、单元触屏操控终端、单元控制柜等组成。

单元功能：

(4) 精密模具加工单元：由1套数控电火花加工机及自动化改造装备、1套五轴数控加工中心及自动化改造装备、数控加工中心定制夹具、1套六自由度工业机器人末端手爪工具和末端快换工具、机器人配套底座、倍速链输送机及气动定位装置和顶升移载输送机、工位工作站、智能制造单元配套的MES系统、单元PLC电气控制系统、单元触屏操控终端、单元控制柜等组成。

单元功能：

（5）自动清洗检测单元：由1套自动清洗机及自动化改造装备、1套三坐标测量机及配套辅助夹具、与测量机配套的电脑及相关软件、1套六自由度工业机器人末端手爪工具和末端快换工具、机器人配套底座、倍速链输送机及气动定位装置和顶升移载输送机、工位工作站、智能制造单元配套的MES系统、单元PLC电气控制系统、单元触屏操控终端、单元控制柜等组成。

单元功能：

(6) AGV 运载机器人单元：由 2 套磁导航工业级 AGV 运载机器人、无线数传通信系统、2 套车载辊筒输送机、磁导航运行轨迹等组成。

单元功能：

(7) 自动化成品仓库与堆垛机单元：由双排自动化立体仓库、巷道式堆垛机、2 套出入库平移台、1 套西门子 RFID - RF380 读写器与支架、电子标签、物料检测传感器系统、托盘与工件、单元电气控制柜、单元触屏操控终端、PLC 单元电气控制系统等组成。托盘上安装有 RFID 标签，同时设置定位槽，方便放置工件。

单元功能：

（8）总控信息管理单元：由 2 套高性能服务器、1 台系统总控工业计算机、系统总控柜、双控制系统各单元（学习柜）分站集成及总控软件集成、CAD/CAM 软件、MES 生产管理软件、系统总控软件、系统视频监控与网络硬件及工程、3 套设计监控计算机、2 套电子广告牌、6 套监控显示大屏液晶电视、网络布线工程、智能制造 LED 大屏幕展示墙、系统布线工程等组成。总控通过工业以太网等总线进行各单元集成作业。

单元功能：

二、制订计划

为提高工作效率，确保工作质量，小组成员或个人需根据情境任务制定整个工作过程的计划表格。制定内容需要包含工作步骤、工作内容、人员划分、时间分配、安全意识等。请根据情境描述要求，参考收集到的信息，制定工作计划表。表 6－1 所示是智能生产线总体认知工作计划表。

表 6－1　智能生产线总体认知工作计划表

<table>
<tr><td>学习情境</td><td colspan="2">学习情境 6　智能生产线总体认知</td><td>姓名</td><td></td><td>日期</td><td></td></tr>
<tr><td>任务</td><td colspan="2"></td><td>小组成员</td><td colspan="3"></td></tr>
<tr><td>序号</td><td colspan="2">工作阶段/步骤</td><td colspan="2">准备清单
设备/工具/辅具</td><td>组织
形式</td><td>工作
时间</td></tr>
<tr><td>1</td><td colspan="2">填写计划工作表格</td><td colspan="2">填写计划表</td><td>小组工作</td><td></td></tr>
<tr><td>2</td><td colspan="2">划分工作内容</td><td colspan="2">白板</td><td>小组工作</td><td></td></tr>
<tr><td>3</td><td colspan="2">智能生产线系统工艺</td><td colspan="2">电脑</td><td>个人工作</td><td></td></tr>
<tr><td>4</td><td colspan="2">立体仓库功能分析</td><td colspan="2">电脑</td><td>小组工作</td><td></td></tr>
<tr><td>5</td><td colspan="2">加工输送线功能分析</td><td colspan="2">电脑</td><td>小组工作</td><td></td></tr>
<tr><td>6</td><td colspan="2">工业机器人上下料单元</td><td colspan="2">电脑</td><td>小组工作</td><td></td></tr>
<tr><td>7</td><td colspan="2">数控机床加工单元</td><td colspan="2">电脑</td><td>小组工作</td><td></td></tr>
<tr><td>8</td><td colspan="2">实施检查</td><td colspan="2">填写检查表</td><td>小组工作</td><td></td></tr>
<tr><td>9</td><td colspan="2">评估工作过程</td><td colspan="2">填写评估表</td><td>小组工作</td><td></td></tr>
<tr><td>10</td><td colspan="2"></td><td colspan="2"></td><td></td><td></td></tr>
<tr><td colspan="2">工作安全</td><td colspan="5">安全：防触电、防设备碰撞，劳动保护用品穿戴整齐。
重点及难点：各级安全标识</td></tr>
<tr><td colspan="2">工作质量
环境保护</td><td colspan="5">6S 标准：垃圾分类、工具摆放整齐、设备整洁规整</td></tr>
</table>

三、作出决策

小组成员制订计划后，需要在培训师的参与下，对计划表格的内容进行检查和确认。

讨论内容包括：计划表工作内容的合理性、小组成员工作划分、时间安排、安全环保意识等。决策表经培训师确认合格后，方可实施，否则需要对知识进行补充，对计划进行修

改。表6－2所示是智能生产线总体认知工作决策表。

表6－2　智能生产线总体认知工作决策表

<table>
<tr><td>学习情境</td><td>学习情境6　智能生产线总体认知</td><td>小组名称</td><td></td><td>日期</td><td></td></tr>
<tr><td>任务</td><td></td><td>小组成员</td><td colspan="3"></td></tr>
<tr><td colspan="6">决策内容</td></tr>
<tr><td>序号</td><td>决策点</td><td colspan="4">决策结果</td></tr>
<tr><td>1</td><td>工作划分合理、全面无遗漏</td><td colspan="2">是○</td><td colspan="2">否○</td></tr>
<tr><td>2</td><td>小组内人员工作划分合理</td><td colspan="2">是○</td><td colspan="2">否○</td></tr>
<tr><td>3</td><td>小组成员已经具备完成各自分配任务的能力</td><td colspan="2">是○</td><td colspan="2">否○</td></tr>
<tr><td>4</td><td>工作时间规划合理</td><td colspan="2">是○</td><td colspan="2">否○</td></tr>
<tr><td>5</td><td>小组成员已经具备安全环保意识</td><td colspan="2">是○</td><td colspan="2">否○</td></tr>
<tr><td colspan="6">决策结果记录</td></tr>
<tr><td colspan="6">○还有未解决的________________问题，需要重新修改计划</td></tr>
<tr><td colspan="6">○还有未解决的________________问题，需要补充新的知识</td></tr>
<tr><td colspan="6">○计划表规划合理，可以实施计划
培训师：__________　时间：__________</td></tr>
</table>

四、实施计划

（1）请根据信息收集部分的内容及设备的使用说明书，制定智能生产线系统工艺流程报告书（Word文档、PPT均可）。

（2）对智能生产线立体仓库（见图 6 - 3）的功能进行应用分析。

图 6-3　智能生产线立体仓库

完成下面对立体仓库的填空及问答。

1）填空。

立体仓库单元的组成：包括（　　）、（　　）、仓格传感器系统、出入库平移台、（　　）、单元电气控制柜、单元网孔板开放式控制柜体、单元触摸屏与编程等。托盘上安装有 RFID 标签，同时设置了定位槽块，方便放置工件。

2）问答。

单元功能：

____

____

____

3）技术参数补充。

把表 6-3 中的技术参数在空框处补充完整。

表 6-3　有轨巷道式堆垛机技术参数

序号	项目		规格参数
1	负载质量		不小于□kg
2	运行速度	x 向	□ m/min
3		y 向	4~40 m/min
4		伸缩向	4~12 m/min
5	停准精度	x 向	□ mm
6		y 向	±0.5 mm

(3) 对智能生产线加工输送线的单元功能进行应用分析。

完成下面的填空。

单元组成：包括4套（　　）、6套双层变频调速倍速链输送机、2台升降输送机、气动定位装置、单元PLC电气控制系统、单元触屏操控终端、单元控制柜等。

单元功能：单元根据流程，通过升降输送机和双层倍速链输送机输送托盘和原料，通过机器人和桁架机械手末端工具拾取，完成送入数控加工和半成品入库的输送过程。单元各输送机均为加重支架工业级装备。

出入库平移台由铝合金型材搭建，直流电机带动同步齿形带驱动。由铝型材构建成货台机架，出/入库平移台由直流电动机带动同步齿形带驱动，完成出库、入库动作。输入电源：220 V ±5%，50 Hz；工作环境：温度（　　）℃，相对湿度 <85%（25 ℃），海拔 <4 000 m，装机容量 <1 kV·A。

把表6-4的出入库平移台技术参数补充完整。

表 6-4　出入库平移台技术参数

序号	项目	规格参数
1	承载能力	不小于25 kg
2	驱动方式	□ +行星减速器
3	运行速度	□ m/min
4	有效工作宽度	500 mm
5	工作长度	1 000 mm
6	工作高度	□ mm

(4) 工业机器人上下料单元功能分析。

1) 完成下面的填空。

单元组成：包括4套（　　）工业机器人、2套（　　）工业机器人、6套末端（　　）手爪工具、2套（　　）行走轴、4套机器人底座、6套机器人控制柜示教盒等。

单元功能：单元通过六自由度工业机器人末端工具对（　　）输送线各工位平台托盘上待加工工件自动拾取并搬运至数控车床气动夹具内，夹具夹紧工件后对其进行加工，加工完毕后，拾取工件并送回双层倍速链输送线工位平台托盘内。

2）汇博品牌工业机器人。

机器人的特点：汇博公司工业机器人在打磨、弧焊、物料搬运和过程应用领域历经考验，机器人性能卓越、经济效益显著，技术水平与国外同类水平相当。

可靠性——坚固且耐用、噪声水平低、例行维护间隔时间长、使用寿命长；

准确性——稳定可靠，卓越的控制水平和循径精度（±0.08 mm）确保了出色的工作质量；

坚固——该机器人工作范围大、到达距离长（最长2.1 m），承重能力为50 kg；

高速——机器人本体坚固，配备快速精确的控制器，可有效缩短工作周期，提高生产率。

把表6－5的汇博机器人技术参数补充完整。

表6－5　汇博机器人技术参数

型号		HR50－2100－C10
动作类型		多关节型
控制轴		______轴
放置方式		地装
承载能力		______ kg
重复定位精度		±0.08 mm
最大动作范围	回旋	______
	下臂倾动	+70°～－130°
	上臂倾动	+175°～－80°
	手臂横摆	±360°
	手腕俯仰	±115°
	手腕回旋	±360°
最大动作速度	回旋	______/s
	下臂倾动	110（°）/s
	上臂倾动	130（°）/s
	手臂横摆	200（°）/s
	手腕俯仰	200（°）/s
	手腕回旋	270（°）/s
最大活动半径		______ mm
环境温度		0～40 ℃

3）IRB 4600工业机器人。

全新锋芒一代IRB 4600工业机器人携增强、创新功能率先问世。该机型采用优化设计，对目标应用具备出众的适应能力。纤巧的机身使生产单元布置更紧凑，可实现产能与质量双提升，推动生产效率迈上新台阶。

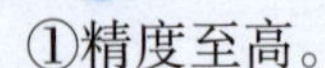

①精度至高。

IRB 4600 工业机器人的精度为同类产品之最，其操作速度更快，废品率更低，在扩大产能、提升效率方面，将起到举足轻重的作用，尤其适合切削、点胶、机加工、测量、装配及焊接应用。此外，该机器人采用“所编即所得”的编程机制，尽可能缩短了编程时间和周期。在任何应用场景下，当新程序或新产品上线时，上述编程性能均有助于最大限度加快调试过程、缩短停线时间。

②周期至短。

IRB 4600 工业机器人采用创新的优化设计，机身紧凑轻巧，加速度达到同类最高，结合其超快的运行速度，所获周期与行业标准相比最短可缩减 25%。操作中，机器人在避绕障碍物和跟踪路径时，可始终保持最高加速度，从而提高产能与效率。

③范围超大。

IRB 4600 工业机器人超大的工作范围，能实现到达距离、周期、辅助设备等诸方面的综合优化。该机器人可灵活采用落地、斜置、半支架、倒置等安装方式，为模拟最佳工艺布局提供了极大便利。

④机身纤巧。

IRB 4600 工业机器人占地面积小、轴 1 转座半径短、轴 3 后方肘部纤细、上下臂小巧、手腕紧凑，这些特点使其成为同类产品中最“苗条”的一款机器人。在规划生产单元的布局时，IRB 4600 可以与机械设备靠得更近，从而缩小整个工作站的占地面积，提高单位面积产量，提升工作效率。

⑤防护周全。

ABB 产品防护计划之周全居业内领先水平，更进一步强化了 IRB 4600 的防护保障措施。Foundry Plus 系统达到 IP67 防护等级标准，还包括涂覆抗腐蚀涂层，采用防锈安装法兰，机器人后部固定电缆防熔融金属飞溅，底脚地板电缆接口加设护盖等一系列措施。

⑥随需应变。

性能优异的 IRBP 变位机、IRBT 轨迹运动系统和电机系列产品，从各方面增强了 IRB 4600 对目标应用的适应能力。运用 RobotStudio（以“订阅”模式提供）及 PowerPac 功能组（按应用提供），可通过模拟生产工作站找准机器人的最佳位置，并实现离线编程。

4）把表 6-6 的 ABB IRB 4600 工业机器人技术参数补充完整。

表 6-6　ABB IRB 4600 工业机器人技术参数

<table>
<tr><td colspan="4">规格</td></tr>
<tr><td>版本</td><td>到达距离</td><td>有效载荷</td><td>手臂载荷</td></tr>
<tr><td>IRB 4600-60/2. 05</td><td>2. 05 m</td><td>______ kg</td><td>20 kg</td></tr>
<tr><td colspan="4">主要应用</td></tr>
<tr><td colspan="4">上下料、物料搬运、弧焊、切割、点胶、装配、货盘堆垛、包装、测量、修边、抛光</td></tr>
<tr><td colspan="4">性能特点</td></tr>
<tr><td>轴数</td><td colspan="3">6+3（配备 MultiMove 功能最多可达 36 轴）</td></tr>
<tr><td>防护</td><td colspan="3">标准 IP67，Foundry Plus</td></tr>
</table>

续表

性能特点		
安装方式	落地、倾斜或倒置	
重复定位精度（RP）	[ ] mm	
重复路径精度（RT）	0.13～0.46 mm（测量速度250 m/s）	
运动		
轴运动	工作范围	最大速度
轴1旋转	[ ]	175(°)/s
轴2手臂	+150°～-90°	175(°)/s
轴3手腕	[ ]	175(°)/s
轴4旋转	+400°～-400°	250(°)/s(20/2.50版本可达到360(°)/s)
轴5弯曲	[ ]	250(°)/s(20/2.50版本可达到360(°)/s)
轴6翻转	+400°～-400。	360(°)/s(20/2.50版本可达到500(°)/s)
IRB 4600-20/2.50的轴5的工作范围为+120°～-120°		

（5）数控机床加工单元功能分析。

1）完成下面的填空。

单元组成：包括3套（　　）及自动化改造装备、2套（　　）和自动化改造装备、1套（　　）及自动化改造装备、数控机床DNC联网系统、单元触屏操控终端。主要为实现挡门自动化、自动化（　　）和控制系统联网集成改造。

单元功能：该单元分别通过6套（　　）上下料，进行数控加工中心和数控车床加工作业。

2）数控车床、机床的特征。

CK40系列（　　）是一种高精度、高性能、高性价比的机床。该机床采用高强度铸铁的床身底座结构，倾斜导轨，高精度通孔式主轴结构，抗震性能好。机床配备多工位（　　），可就近换刀。机床配备FANUC Oi mate数控系统。机床外观设计新颖，面板操作方便，全封闭防护。该机床适用于中小零件的半精和精加工。

技术特性：

①高转速高精度床头箱。

高速锂基润滑脂润滑，主轴温升比较低，床头箱内部传动件采取体外循环润滑油润滑，散热效果较好。

②丝杆双重防水结构。

延长轴承及丝杆使用寿命，提高机床整体性能。

③端齿盘精定位刀架。

重复定位精度高，刚性好。

④手柄杆。

多种数控系统，具有图显功能供用户选择。

3）将表 6 - 7 的数控车床技术参数补充完整。

表 6 - 7　数控车床技术参数

项目		单位	CK40
加工范围	床身上最大回转直径	mm	
	床鞍上最大回转直径	mm	ϕ260
	最大车削长度	mm	
	最大车削直径	mm	ϕ285
	最大棒料直径	mm	ϕ42
主轴	液压卡盘直径	mm	
	主轴头型式		A2 - 5（GB/T 5900. 1）
	主轴通孔直径	mm	ϕ57
	主轴转速	r/min	70 ~ 3 000
	主电机功率	kW	
尾座	套筒直径/行程	mm	Φ70/80
	套筒锥孔	—	4
床鞍	倾斜角度	(°)	45
	移动距离 *X/Z*	mm	
	快速移动速度 *X/Z*	m/min	12/16
刀架	刀位数		8/12 刀架
	刀具尺寸（车削/镗孔）	mm	20 × 20/ϕ32

五、检查控制

表 6 - 8 所示是智能生产线总体认知评分表，评分项目的评分等级为 10—9—7—5—3—0。学员首先如实填写“学员自检评分”部分，教师根据任务完成情况填写“教师检查评分”和“对学员自评的评分”部分，最后经过除权公式算出功能检查总成绩。

表 6 - 8　智能生产线总体认知评分表

序号	评分项目	学员自检评分	教师检查评分	对学员自评的评分
1	智能生产线系统工艺			
2	立体仓库功能分析			
3	加工输送线功能分析			
4	工业机器人上下料单元			
5	数控机床加工单元			

续表

序号	评分项目	学员自检评分	教师检查评分	对学员自评的评分
6				
7				
8				
9				
10				
小计得分（满分 50 分）				
除数		5	5	5
除权成绩				
功能检查总成绩：＝教师检查评分 ×0.5＋对学员自评的评分 ×0.5 功能检查总成绩：				

“对学员自评的评分”项目评分标准为：“学员自检评分”与“教师检查评分”的评分等级相同或相邻时为 10 分，否则为 0 分。

六、评价反馈

表 6－9 所示是核心能力评分表，表 6－10 所示是专业能力评分表，表 6－11 所示是总评分表。

表 6－9　核心能力评分表

学习情境		学习情境 6　智能生产线总体认知	学时		
任务			组长		
成员					
评价项目		评定标准	自评	互评	培训师
核心能力	安全操作	无违章操作，未发生安全事故。 □优（10）　□中（7）　□差（4）			
	收集信息	通过不同的途径获取完成工作所需的信息。 □优（10）　□中（7）　□差（4）			
	口头表达	用语言表达思想感情和对事物的看法，以达到交流的目的。 □优（10）　□中（7）　□差（4）			
	责任心	对事务或工作认真负责。 □优（10）　□中（7）　□差（4）			
	团队意识	心中时刻有团队，团队利益至上，时刻保持合作，共同完成任务。 □优（10）　□中（7）　□差（4）			

续表

学习情境	学习情境6　智能生产线总体认知		学时			
任务			组长			
成员						
评价项目	评定标准			自评	互评	培训师
小计						
核心能力评价成绩： 核心能力评价成绩（满分100）：=（自评×30%+互评×30%+培训师×40%）×2				A1		

表6－10　专业能力评分表

评价项目		评分标准	综合评分（100分）	除权成绩（乘积）	
专业能力	收集信息	根据信息收集内容完成程度评定		0.2	
	制订计划	根据计划内容的实施效果评定		0.2	
	作出决策	根据决策内容是否完全支撑实施工作评定		0.2	
	实施计划	根据实际实施效果评定		0.2	
	检查控制	依据检查功能表格的分数评定		0.2	
专业能力评价成绩： （满分100分）					A2

表6－11　总评分表

总评分					
序号	成绩类型	表格	小计分数	权重系数	得分
1	核心能力	A1		0.4	
2	工作过程	A2		0.6	
合计分数					
培训师签名：__________　学员签名：__________					

学习情境 7
设备操作流程介绍

一、知识目标

（1）熟悉智能生产线开机前、运行中的主要检查项目；
（2）掌握数控车床、AGV、工业机器人开机的基本操作。

二、技能目标

（1）熟悉智能生产线各工作站的生产工艺；
（2）掌握智能生产线开机操作的流程。

三、核心能力目标

（1）能利用网络资源、专业书籍、技术手册等获取有效信息；
（2）能用自己的语言有条理地去解释、表述所学知识；
（3）能够借助学习资料独立学习新知识和新技能，完成工作任务；
（4）能够根据工作任务，制订、实施工作计划；
（5）能够与团队成员之间相互沟通协商，通力合作，圆满完成工作任务。

为建立员工对生产线设备的操作规范，提高生产线运行效率，防止因误操作导致安全事故的发生，公司委派你制定智能制造车间各设备的安全操作规程，并对各岗位操作人员开展一期安全操作规程的培训。如图 7-1 所示是智能制造车间。

图 7-1　智能制造车间

工作过程

一、收集信息

（1）智能制造生产线控制系统的上电初始化流程如表 7-1 所示，请根据图例内容完成操作描述的补充。

表 7-1　智能制造生产线上电初始化

序号	图例	操作描述
1	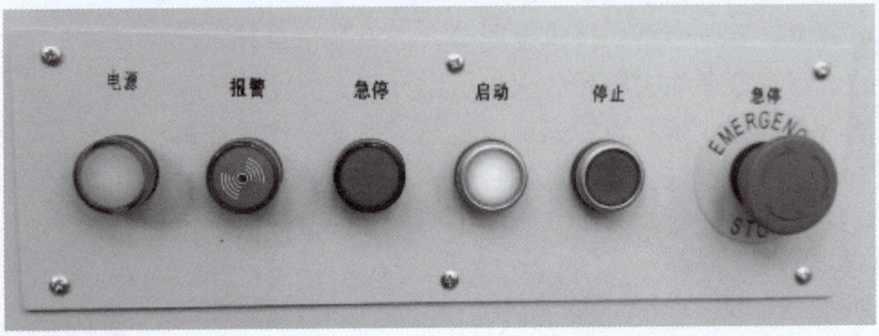	

续表

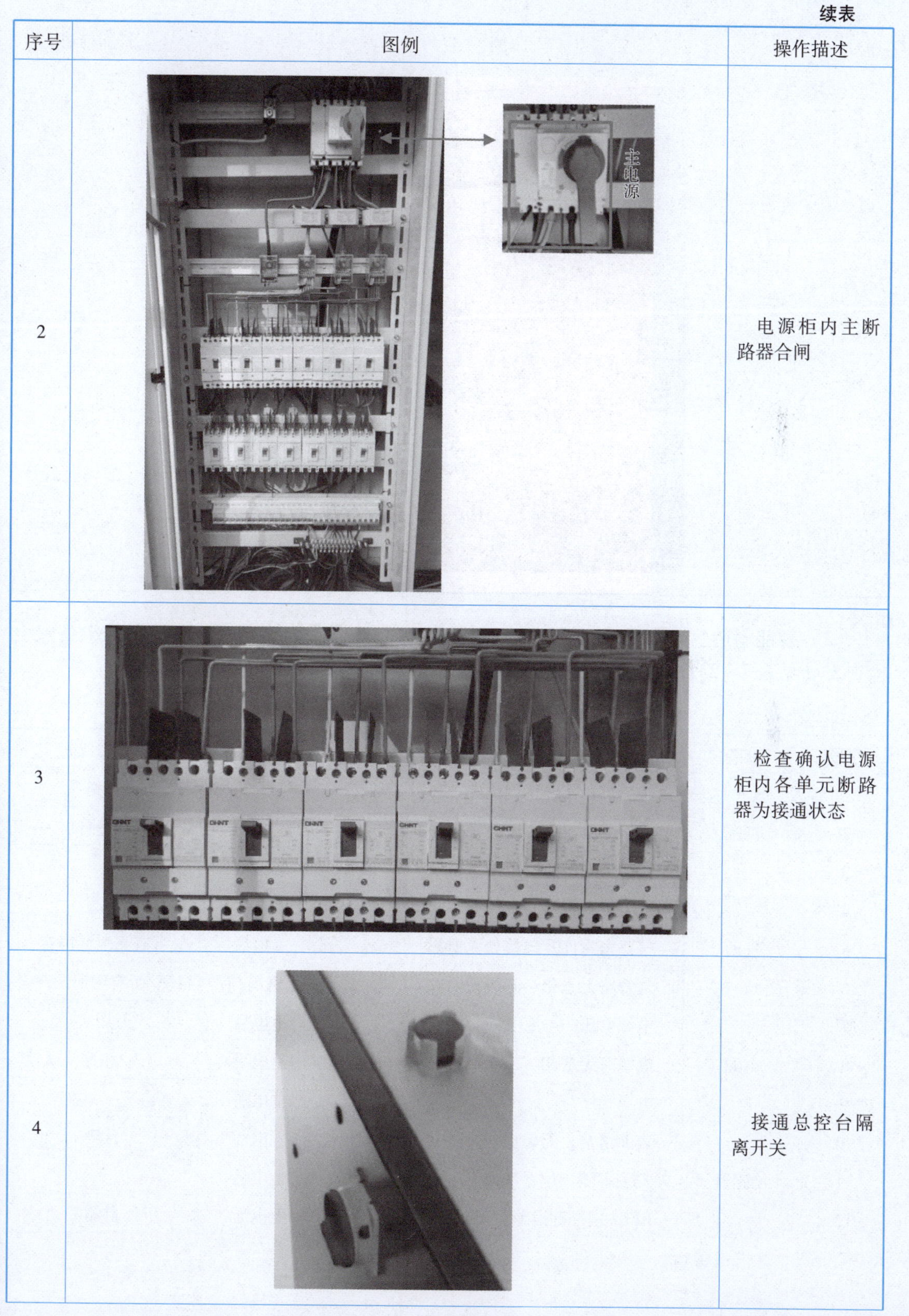

序号	图例	操作描述
2		电源柜内主断路器合闸
3		检查确认电源柜内各单元断路器为接通状态
4		接通总控台隔离开关

续表

序号	图例	操作描述
5	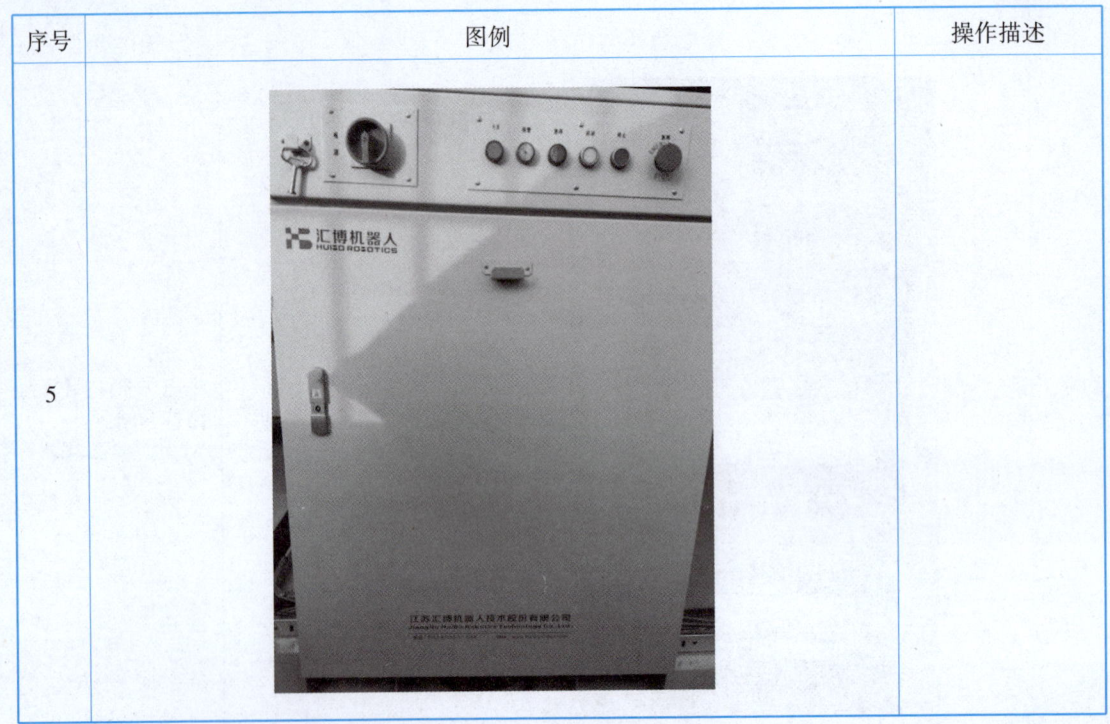	

（2）智能制造生产线开机前需要完成设备的状态检查，请补充完善开机前的设备安全检查表（见表7－2）。

表7－2　开机前设备安全检查

序号	分类	检查内容	上电前/后	检查方法
1	机械	防护装置齐全，无缺失	上电前	目测
2		机械部件安装牢固，无松动	上电前	手动测试
3		减速机无漏油，机油量适中	上电前	
4	气动	气源压力正常	上电后	目测
5		气路密封件及连接处无泄漏	上电后	听有无泄漏声音
6		气管路无老化、开裂现象	上电前/后	目测/听有无泄漏声音
7	电源	电源电压	上电后	万用表
8		电源有无缺相	上电后	万用表/相序测试仪
9		电源相序	上电后	
10	传感器	表面清洁，无破损	上电前	目测
11		安装牢固、位置准确	上电后	
12		RFID是否有报警	上电后	目测

续表

序号	分类	检查内容	上电前/后	检查方法
13	电气	面板按钮无松动，标识完整清晰	上电前	目测
14		工作模式检查，急停及报警功能检查	上电后	目测
15		控制柜整洁无杂物	上电前	目测
16		线缆外观无过热变色、无破损	上电前	目测
17		线缆压接牢固，无松动	上电前	
18		驱动装置无报警		目测
19	机器人、AGV	工作模式检查，急停及报警功能检查	上电后	目测
20		程序运行状态检查	上电后	目测
21	通信网络	PLC 控制器	上电后	目测/软件监控
22		触摸屏	上电后	
23		交换机	上电后	目测

（3）卧式车床（见图7－2）投入自动运行前需要先回参考点并确认工艺程序，如图7－3所示是卧式车床操作面板，请根据表7－3卧式车床的自动操作中的图例内容完成操作描述的补充。

图7－2　卧式车床实物图（左侧）

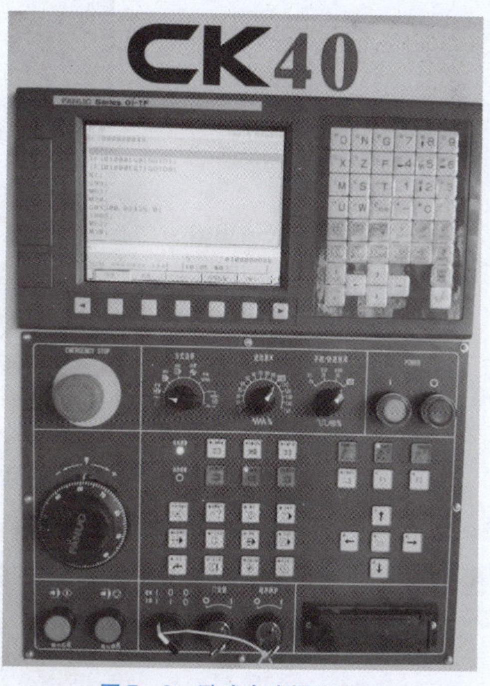

图7－3　卧式车床操作面板

表7-3　卧式车床的自动操作

序号	图例	操作描述
1		将卧式车床左侧电源开关切换到“ON”状态
2		按下操作面板“启动”按钮，卧式车床开机
3		
4		单击操作面板“RESET”按键，复位报警信息
5		
6	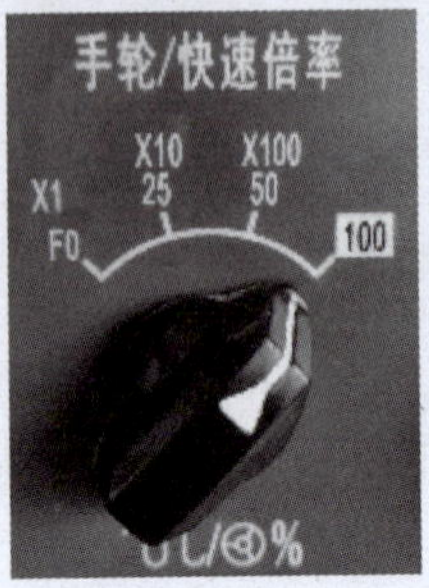	调整手轮运行倍率到“100”

续表

序号	图例	操作描述
7		
8		同理，通过面板上“方式选择”开关，将车床运行模式切换到 Z 手轮模式；逆时针旋转手轮，将车床 Z 轴运动到合适位置
9		
10	X 轴回零	单击 X 轴回零按键，车床 X 轴开始回零动作

续表

序号	图例	操作描述
11	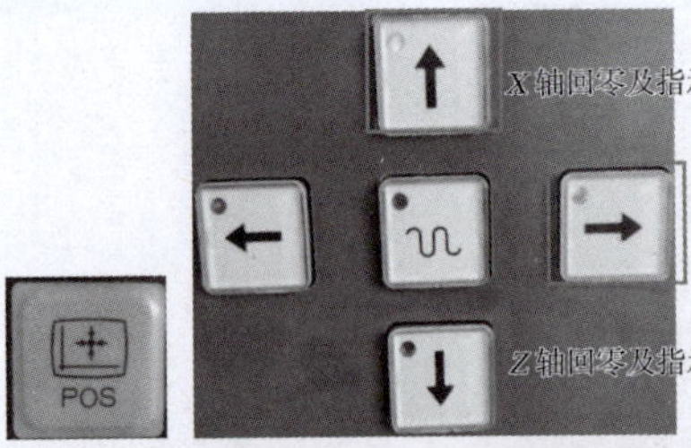 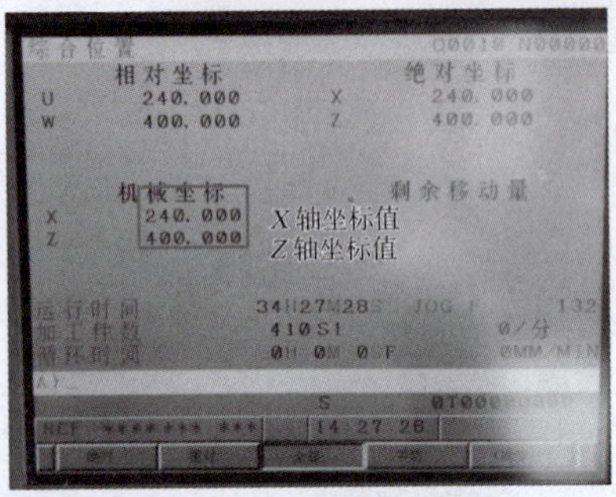	
12	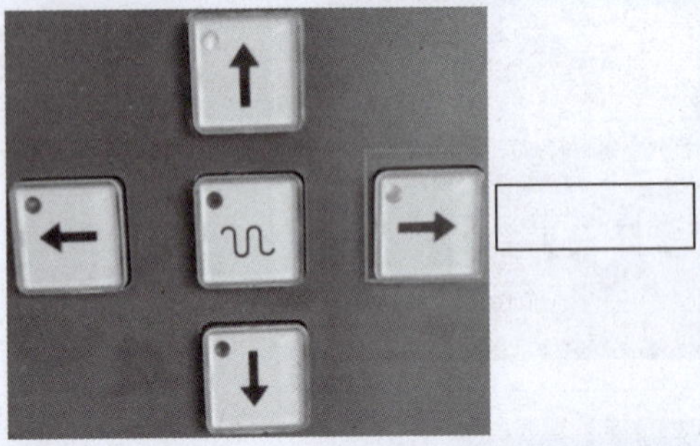	同理，单击 Z 轴回零按键，等待 Z 轴回零完成
13		回参考点完成时卧式车床的位置

续表

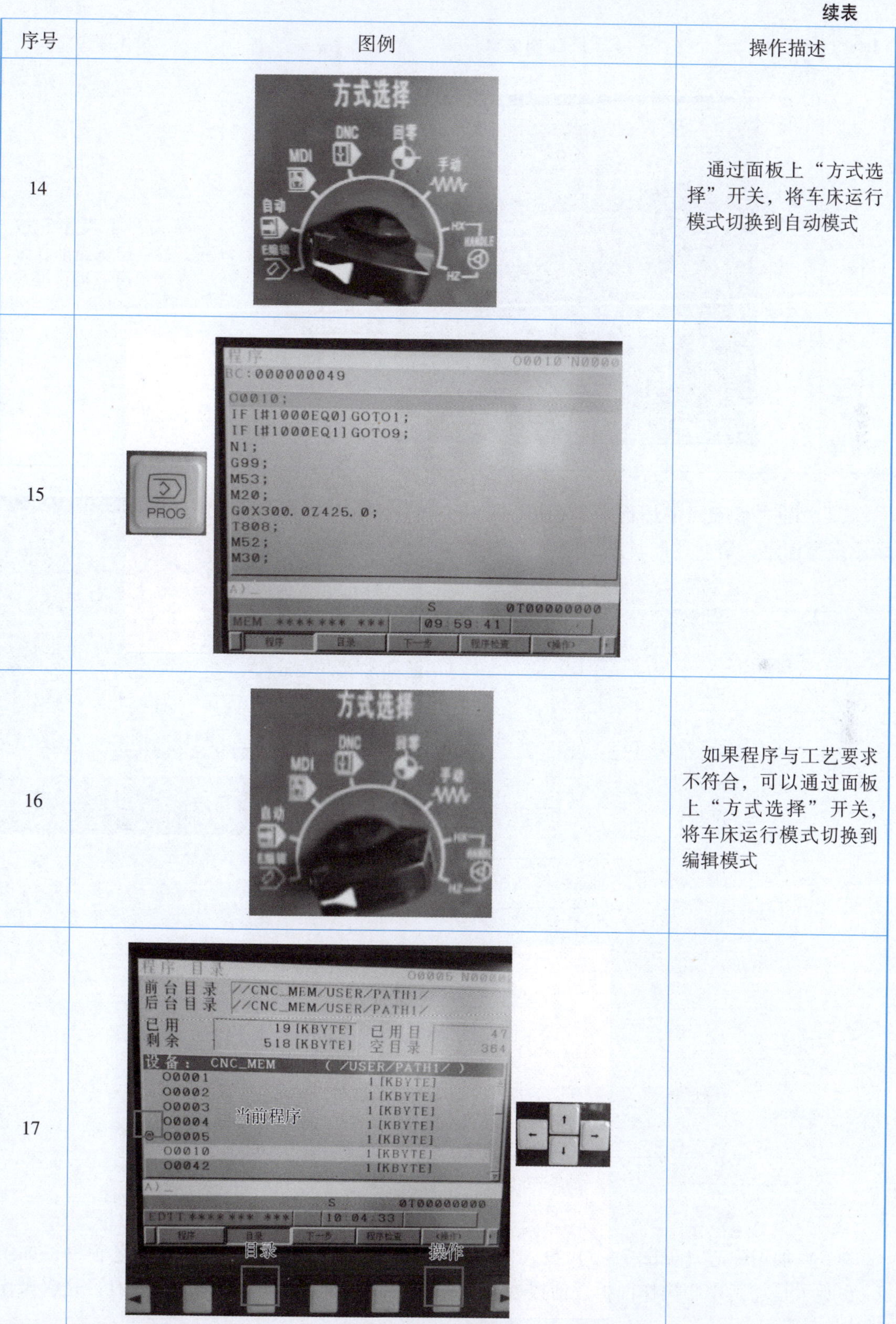

序号	图例	操作描述
14		通过面板上“方式选择”开关，将车床运行模式切换到自动模式
15		
16		如果程序与工艺要求不符合，可以通过面板上“方式选择”开关，将车床运行模式切换到编辑模式
17		

续表

序号	图例	操作描述
18		单击“主程序”按键，检查确认当前程序不在“单段”运行模式（单段指示灯灭）

（4）卧式车床回零过程中出现如图 7－4 所示报警信息，请简述此时该如何操作。

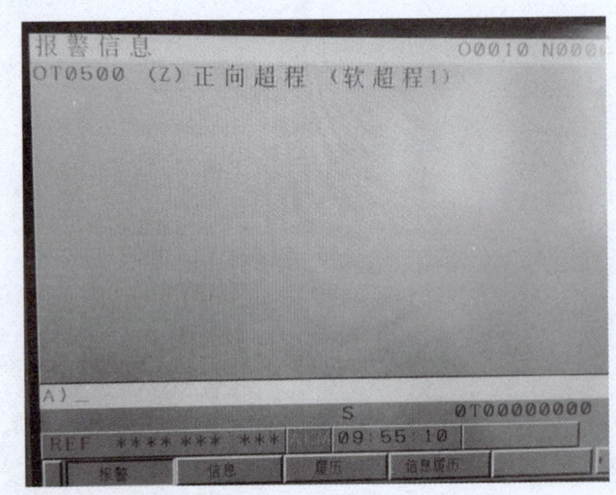

图 7－4　卧式车床报警信息

（5）加工中心（见图 7－5）投入自动运行前，需要先回参考点并确认工艺程序，如图 7－6 所示是加工中心操作面板，请根据表 7－4 加工中心的自动操作中的图例内容完成操作描述的补充。

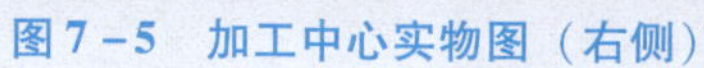

图 7－5　加工中心实物图（右侧）

图 7－6　加工中心操作面板

表 7－4　加工中心的自动操作

序号	图例	操作描述
1		将加工中心电源开关切换到“ON”状态
2		按下操作面板“启动”按钮，数控机床开机
3		

续表

序号	图例	操作描述
4		通过面板上“MODE”开关，将加工中心运行模式切换到回零模式
5		
6	 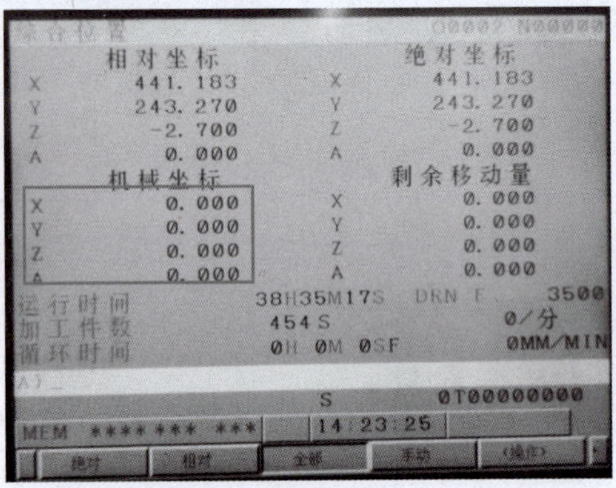	单击“POS”按键，可以查看 X、Y、Z、4 轴坐标值的变化
7	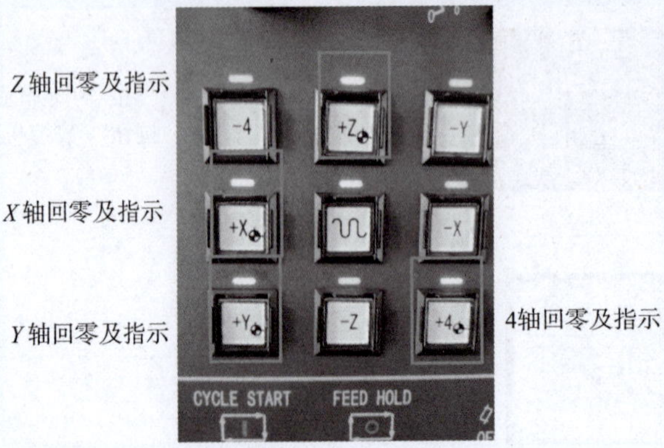 *Z*轴回零及指示 *X*轴回零及指示 *Y*轴回零及指示 4轴回零及指示	当 Z 轴坐标值停止变化或 Z 轴回零指示灯亮，此时 Z 轴回参考点完成

续表

序号	图例	操作描述
8	X 轴回零  Y 轴回零 4轴回零	单击 X、Y、4 轴回零，等待 X、Y、4 轴回零完成
9		回参考点完成加工中心位置
10	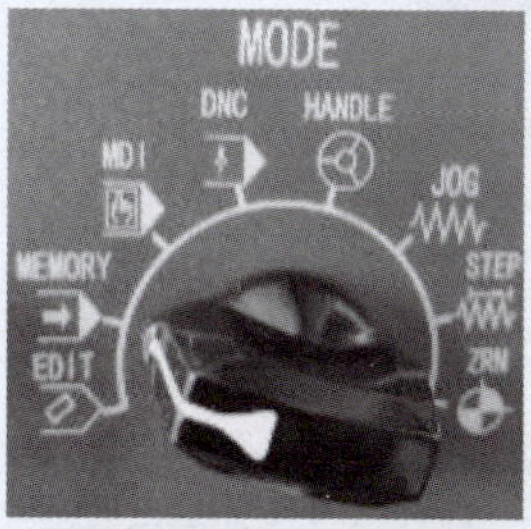	通过面板上“MODE”开关，将加工中心运行模式切换到自动模式
11	 	

续表

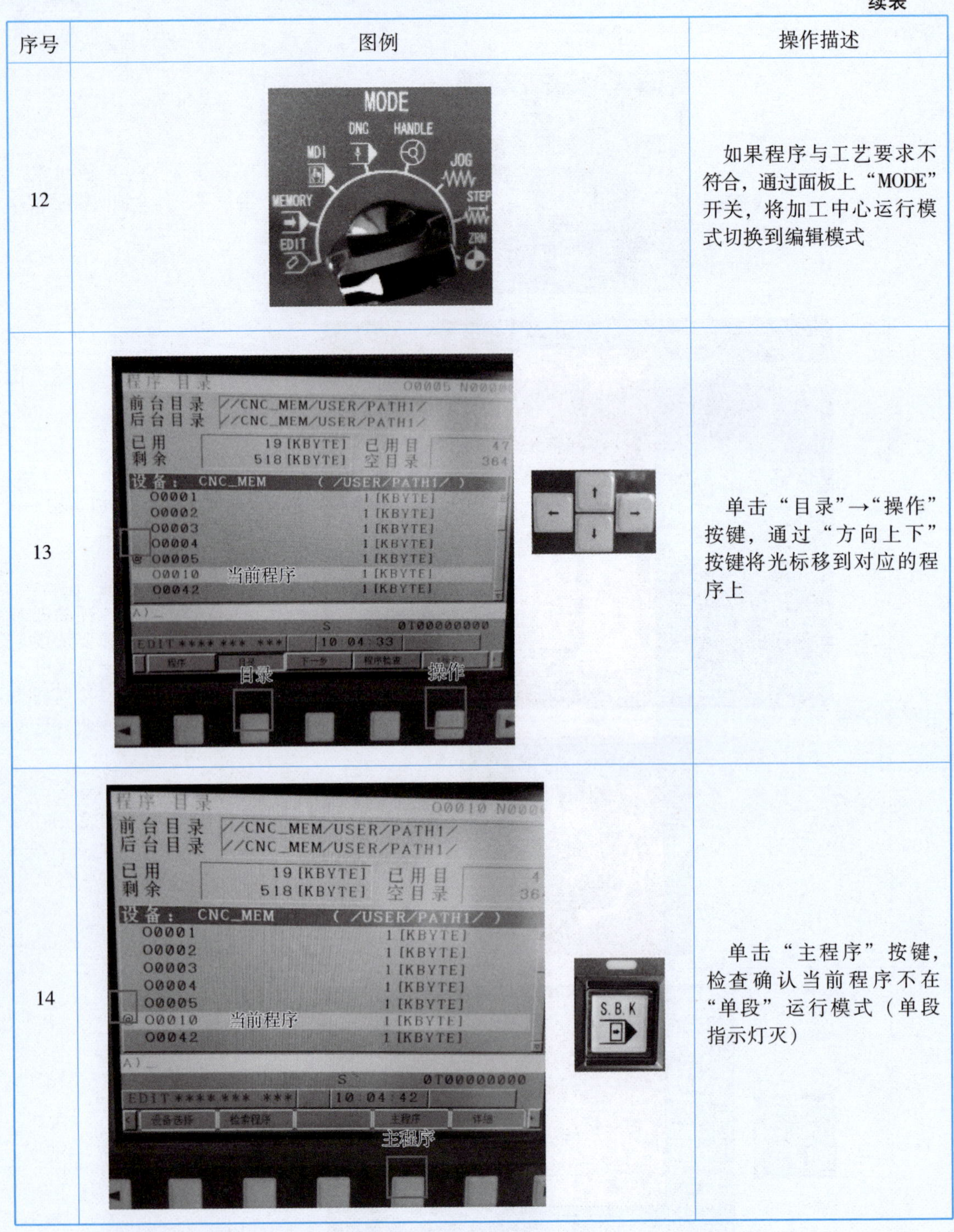

序号	图例	操作描述
12		如果程序与工艺要求不符合，通过面板上“MODE”开关，将加工中心运行模式切换到编辑模式
13		单击“目录”→“操作”按键，通过“方向上下”按键将光标移到对应的程序上
14		单击“主程序”按键，检查确认当前程序不在“单段”运行模式（单段指示灯灭）

（6）主控调度软件 FMS 自动操作菜单如图 7－7 所示，请查阅相关资料完成菜单功能描述（见表 7－5）的补充。

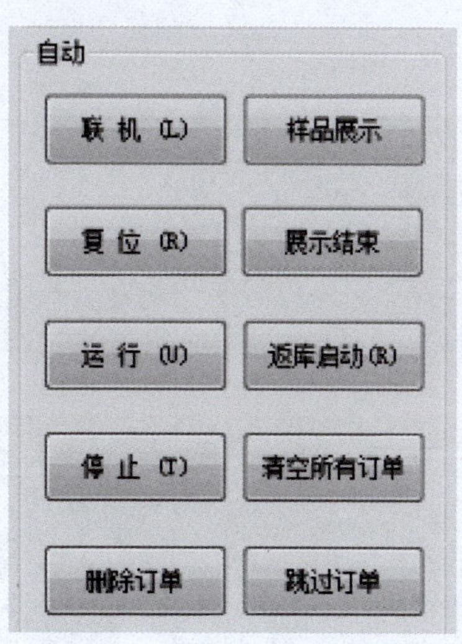

图 7－7　FMS 自动操作菜单

表 7－5　FMS 自动操作菜单功能介绍表

序号	菜单选项	功能描述	序号	菜单选项	功能描述
1	联机		6	样品展示	所有单元复位完成，单击“样品展示”按键，弹出对话框，选择要从成品库出库展示的成品，成品库码垛机开始出库要展示的托盘，AGV 接到托盘后，运载到要展示的位置停止，现场人员拿走托盘放到展示台展示
2	复位	向已联机的每个单元发送复位信号	7	展示结束	AGV 返回到待命的位置，展示流程结束
3	运行		8	返库启动	所有单元复位完成，并且创建好成品返库订单后，单击“运行”按键，产线开始返库没有出库并且工艺类型为成品返库的订单
4	停止	停止所有单元	9	清空所有订单	
5	删除订单	删除最新创建的订单	10	跳过订单	没有出库的订单，若创建的订单仓库没有对应的托盘，或者不想加工此订单，则可以跳过订单

（7）AGV 小车的初始化操作如表 7－6 所示，请根据图示完成操作描述的补充。

表 7-6　AGV 机器人初始化

序号	图例	操作描述
1		闭合 AGV 小车断路器
2		根据 AGV 小车所在位置，通过 AGV 小车面板上“方向切换”按钮，切换 AGV 小车运行方向
3	方向切换	
4	停车卡	单击“启动/停止”按钮，将 AGV 小车运行到安全位置后，再次单击“启动/停止”按钮，AGV 小车停止（AGV 小车的安全位置，是指 AGV 小车左右两个磁导航传感器，在地面上左右两个停车卡之间 AGV 小车所在的位置）

续表

序号	图例	操作描述
5	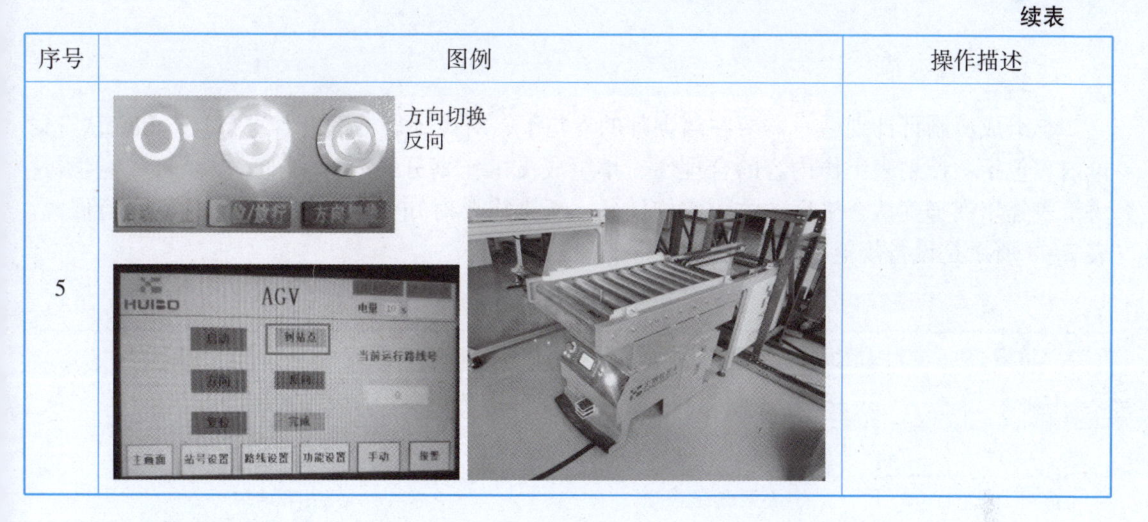	

二、制订计划

为提高工作效率，确保工作质量，小组成员或个人需根据情境任务制定整个工作过程的计划表格。制定内容需要包括工作步骤、工作内容、人员划分、时间分配、安全意识等。请根据情境描述的要求及参考收集的信息，制定工作计划表。表 7－7 所示是设备规范化操作的工作计划表。

表 7－7　设备规范化操作的工作计划表

学习情境	设备操作流程介绍	姓名		日期	
任务	智能制造车间各设备的规范化操作	小组成员			
序号	工作阶段/步骤	准备清单 设备/工具/辅具		组织 形式	工作 时间/min
1	填写计划工作表格	填写计划表		小组工作	10
2	划分工作内容	白板		小组工作	10
3	开机前设备安全检查	设备安全检查表		小组工作	20
4	设备规范化操作	操作点检表		个人工作	
5	设备运行检查记录	设备运行检查记录表		个人工作	
6	实施检查	填写检查表		小组工作	10
7	评估工作过程	填写评估表		小组工作	10
8					
9					
10					
工作安全	安全：防触电、防机械伤害，劳动保护用品穿戴整齐				
工作质量 环境保护	6S 标准：垃圾分类、工具摆放整齐、设备整洁规整				

三、作出决策

小组成员制订计划后，需要在培训师的参与下，对计划表格的内容进行检查和确认。讨论内容包括：计划表工作内容的合理性、小组成员工作划分、时间安排、安全环保意识等。决策表经培训师确认合格后，方可实施任务，否则需要对知识进行补充，对计划进行修改。表 7－8 所示是设备规范化操作决策表。

表 7－8　设备规范化操作决策表

<table>
<tr><td>学习情境</td><td>学习情境 7　设备操作流程介绍</td><td>小组名称</td><td></td><td>日期</td><td></td></tr>
<tr><td>任务</td><td></td><td>小组成员</td><td colspan="3"></td></tr>
<tr><td colspan="6">决策内容</td></tr>
<tr><td>序号</td><td>决策点</td><td colspan="4">决策结果</td></tr>
<tr><td>1</td><td>工作划分合理、全面无遗漏</td><td colspan="2">是○</td><td colspan="2">否○</td></tr>
<tr><td>2</td><td>小组内人员工作划分合理</td><td colspan="2">是○</td><td colspan="2">否○</td></tr>
<tr><td>3</td><td>小组成员已经具备完成各自分配任务的能力</td><td colspan="2">是○</td><td colspan="2">否○</td></tr>
<tr><td>4</td><td>工作时间规划合理</td><td colspan="2">是○</td><td colspan="2">否○</td></tr>
<tr><td>5</td><td>小组成员已经具备安全环保意识</td><td colspan="2">是○</td><td colspan="2">否○</td></tr>
<tr><td colspan="6">决策结果记录</td></tr>
<tr><td colspan="6">○还有未解决的____________________问题，需要重新修改计划</td></tr>
<tr><td colspan="6">○还有未解决的____________________问题，需要补充新的知识</td></tr>
<tr><td colspan="6">○计划表规划合理，可以实施计划

培训师：__________　时间：__________</td></tr>
</table>

四、实施计划

(1) 立式车床（见图 7－8）的自动操作点检表如表 7－9 所示，立式车床操作面板如图 7－9 所示，请补充操作说明并根据步骤完成自动操作。

图7-8　立式车床实物图（左侧）

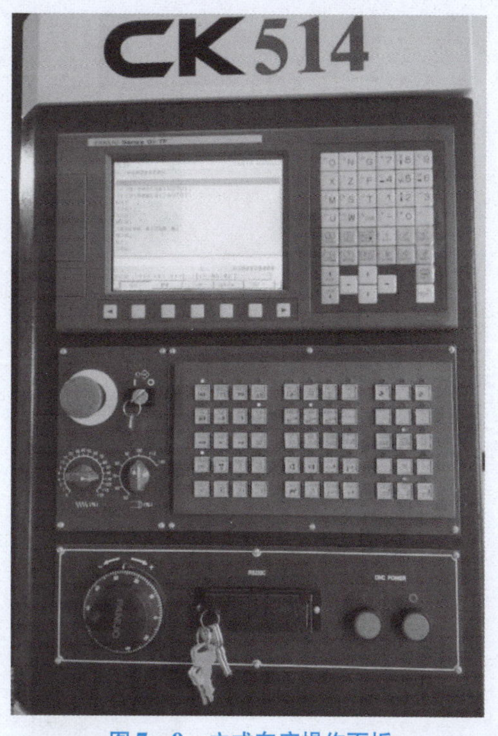

图7-9　立式车床操作面板

表7-9　立式车床自动操作点检表

序号	图示	操作说明	操作确认
1		将立式车床电源开关切换到“ON”状态	
2		按下操作面板“启动”按钮，数控机床开机	
3			

续表

序号	图示	操作说明	操作确认
4	 RESET	单击操作面板上“RESET”按键，复位报警信息	
5	 手轮方式		
6	 X100 50%	单击运行倍率“×100 50%”按键	
7	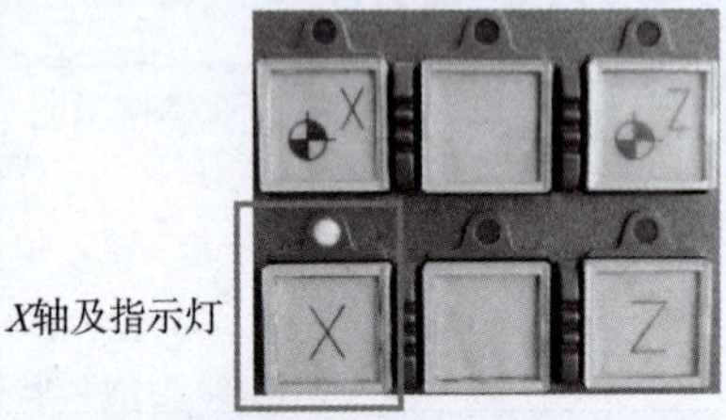 X轴及指示灯 X Z X Z	单击 X 轴按键，X 轴指示灯亮	
8	 FANUC		

续表

序号	图示	操作说明	操作确认
9	Z轴及指示灯	单击 Z 轴按键，Z 轴指示灯亮，逆时针旋转手轮，将车床 Z 轴运动到合适位置	
10	回零方式		
11	X轴回零　Z轴回零	单击“X 轴回零”和“Z 轴回零”按键，车床 X、Z 轴同时进行回零动作	
12	POS　相对坐标 U 400.000 W 520.000　绝对坐标 X 400.000 Z 520.000　机械坐标 X 400.000 Z 520.000　X轴坐标值　Z轴坐标值　剩余移动量	单击“POS”按键，可以查看 X、Z 轴坐标值的变化	

续表

序号	图示	操作说明	操作确认
13	X轴回零指示  Z轴回零指示 X Z X Z		
14		回参考点完成时立式车床位置	
15	 自动方式	单击“自动方式”按键，将车床运行模式切换到自动模式	

续表

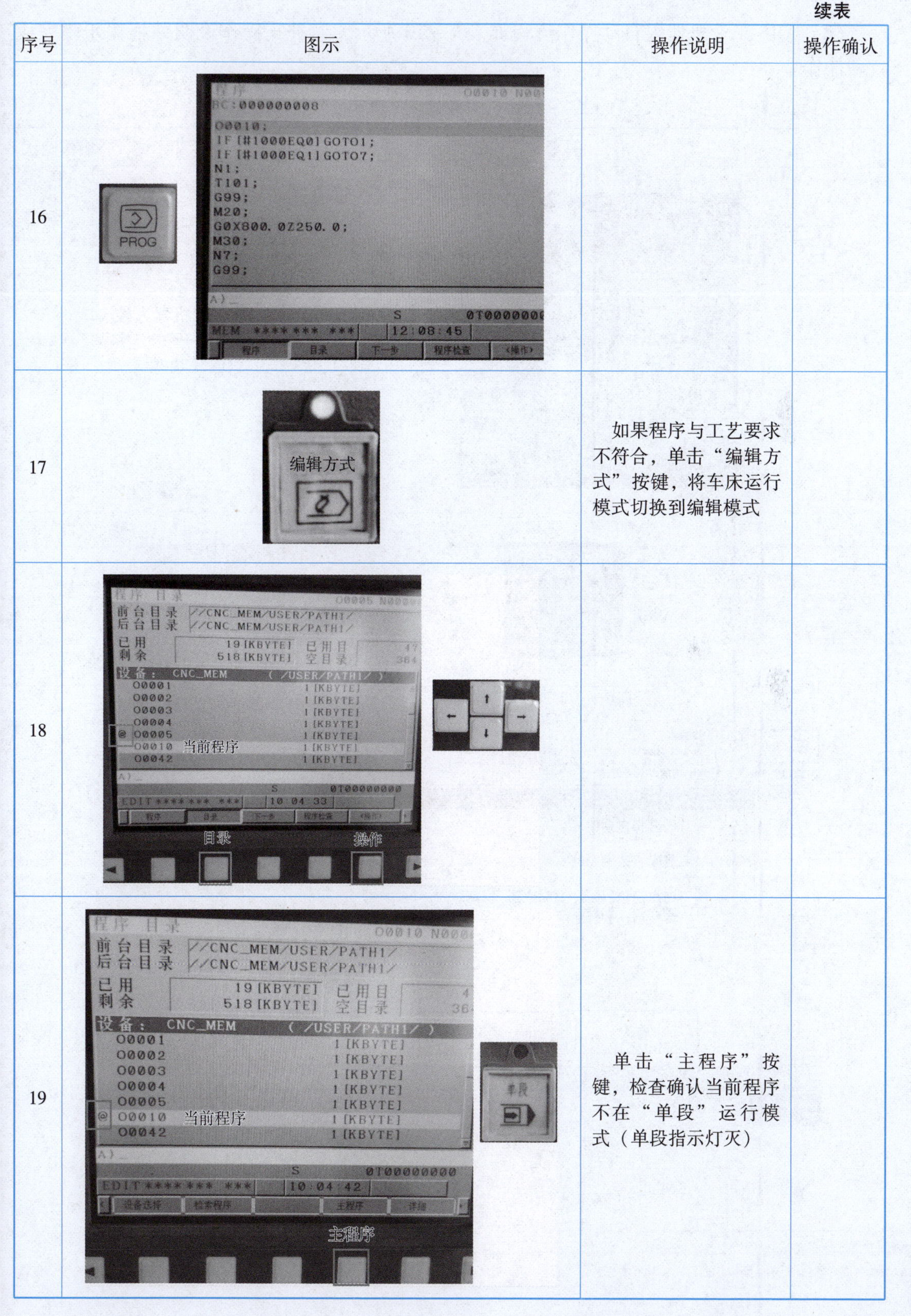

序号	图示	操作说明	操作确认
16			
17		如果程序与工艺要求不符合，单击“编辑方式”按键，将车床运行模式切换到编辑模式	
18			
19		单击“主程序”按键，检查确认当前程序不在“单段”运行模式（单段指示灯灭）	

（2）ABB 工业机器人自动操作流程如表 7－10 所示，请补充操作说明并根据步骤完成自动操作。

表 7－10　ABB 机器人的自动操作

序号	图示	操作说明	操作确认
1	 ABB机器人电源	将 ABB 机器人控制柜电源开关切换到“ON”状态	
2			
3	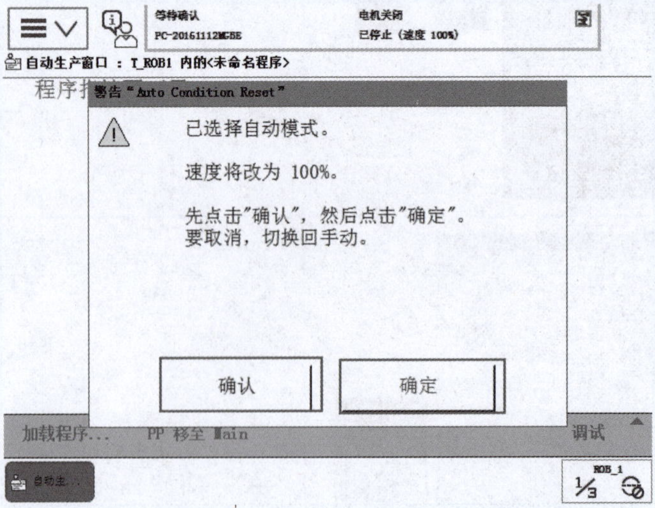 等待确认　PC-20161112MGEE　电机关闭　已停止（速度 100%） 自动生产窗口：T_ROB1 内的<未命名程序> 警告“Auto Condition Reset” 已选择自动模式。 速度将改为 100%。 先点击"确认"，然后点击"确定"。 要取消，切换回手动。 确认　确定 加载程序...　PP 移至 Main　调试 自动生...　ROB_1　1/3	在示教器界面上单击“确认”按键，然后单击“确定”按键	

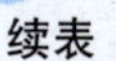

续表

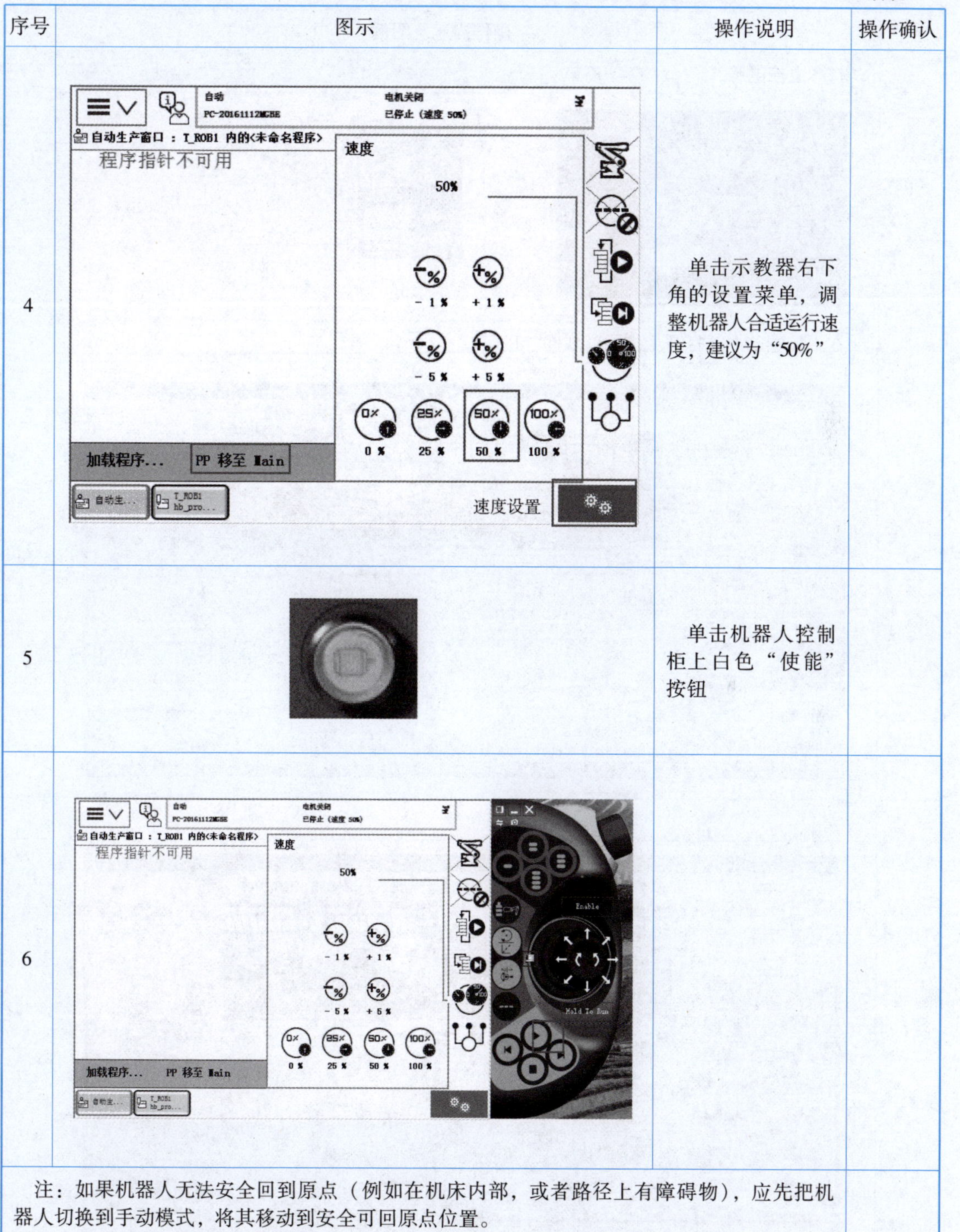

序号	图示	操作说明	操作确认
4	速度设置	单击示教器右下角的设置菜单，调整机器人合适运行速度，建议为“50%”	
5		单击机器人控制柜上白色“使能”按钮	
6			
注：如果机器人无法安全回到原点（例如在机床内部，或者路径上有障碍物），应先把机器人切换到手动模式，将其移动到安全可回原点位置。			

（3）主控运行的操作步骤如表 7－11 所示，请根据图例完成操作描述的补充。

表 7－11　主控运行操作步骤

序号	操作描述及图例
1	打开主控电脑
	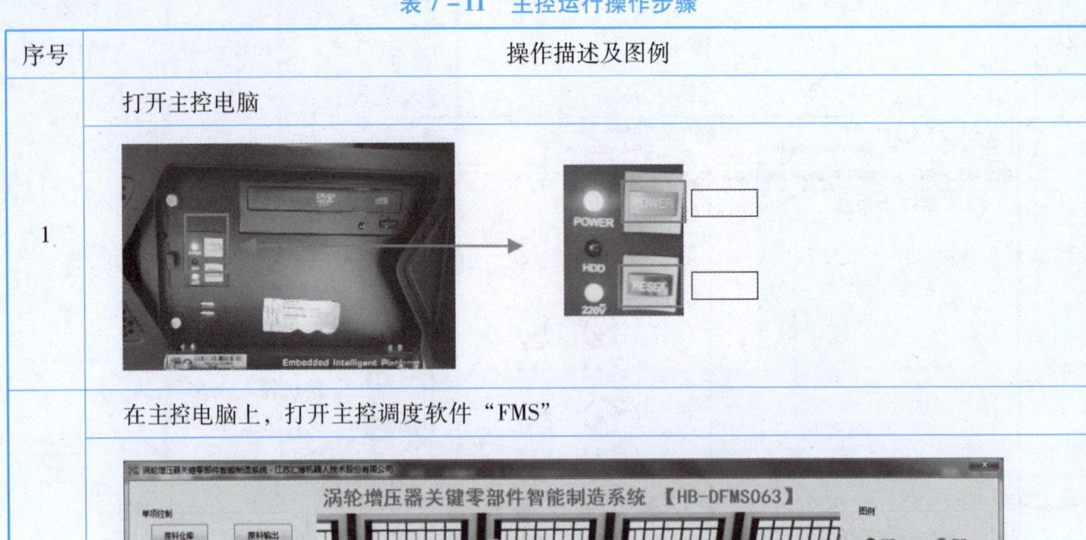
2	在主控电脑上，打开主控调度软件“FMS”
3	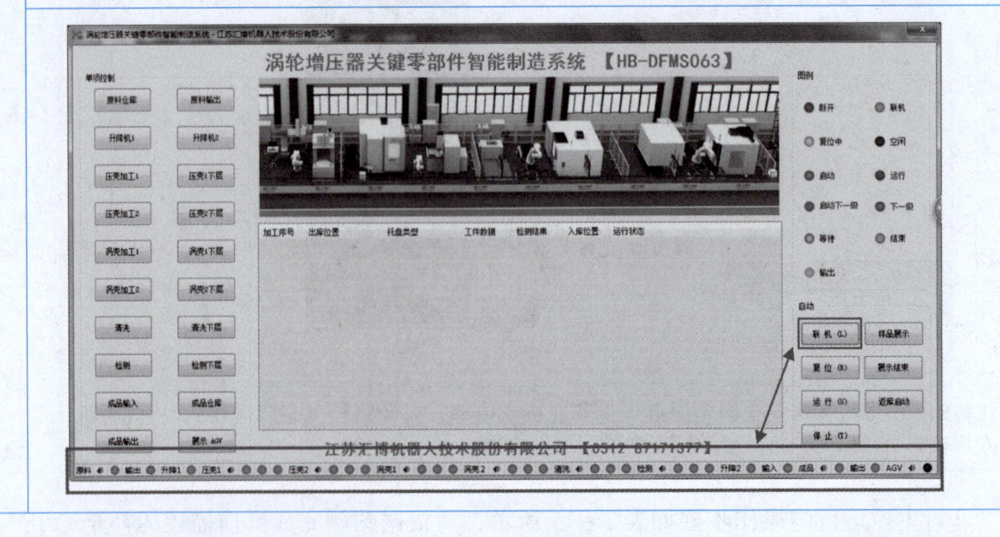

续表

序号	操作描述及图例
4	确认安全前提下，单击“复位”按键，系统开始复位动作，状态栏各单元状态显示黄色时表示复位中，复位完成后显示蓝色 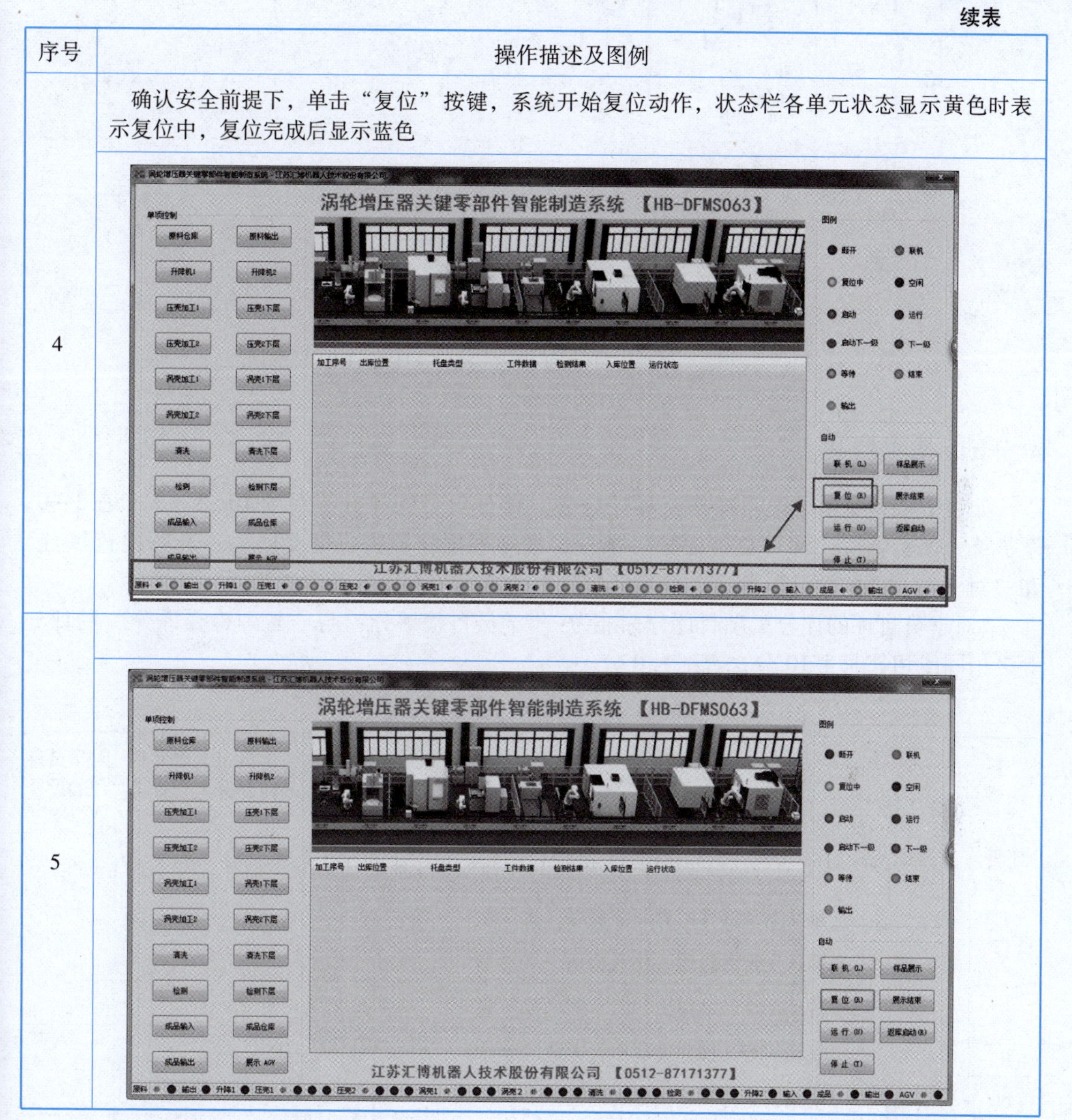
5	

（4）主控调度软件 FMS 联机操作时，如果出现单元点“复位”多次后其状态栏仍然显示黄色，试分析可能的原因有哪些？

五、检查控制

如表 7－12 所示是设备操作流程评分表，评分项目的评分等级为 10—9—7—5—3—0。学员首先如实填写“学员自检评分”部分，教师根据任务完成情况填写“教师检查评分”和“对学员自评的评分”部分，最后经过除权公式算出功能检查总成绩。

“对学员自评的评分”项目评分标准为：“学员自检评分”与“教师检查评分”的评分等级相同或相邻时为 10 分，否则为 0 分。

表 7－12　设备操作流程评分表

评分项目					学员自检评分	教师检查评分	对学员自评的评分
序号	分类	检查内容	状态记录	记录时间			
1	机械	机械运动部件配合间隙良好，无干涉					
2		输送皮带无跑偏、松紧合适					
3		传动部件转动灵活，无卡涩、无异响					
4	气动	气动执行元件速度适中，无危险动作					
5		气路密封件及连接处无泄漏					
6		吸盘吸取物料稳定可靠					
7	传感器	安全限位稳定可靠					
8		安装牢固、位置准确					
9	电气	散热装置功能良好					
10		驱动电机无异常过热					
11		通电检测充电口位置准确					
12		定制打码信息准确清晰					
13		成品入库定位准确，无偏移					

续表

评分项目					学员自检评分	教师检查评分	对学员自评的评分
序号	分类	检查内容	状态记录	记录时间			
14	机器人 AGV	机器人响应及时可靠					
15		取料、放料位置准确					
16		装配位置准确					
小计得分（满分 160 分）							
除数					16	16	16
除权成绩							
功能检查总成绩：= 教师检查评分 ×0.5 + 对学员自评的评分 ×0.5 功能检查总成绩：							

六、评价反馈

表 7 – 13 所示是核心能力评分表，表 7 – 14 所示是专业能力评分表，表 7 – 15 所示是总评分表。

表 7 – 13　核心能力评分表

学习情境		学习情境 7　设备操作流程介绍	学时		
任务			组长		
成员					
评价项目		评定标准	自评	互评	培训师
核心能力	安全操作	无违章操作，未发生安全事故。 □优（10）　□中（7）　□差（4）			
	收集信息	通过不同的途径获取完成工作所需的信息。 □优（10）　□中（7）　□差（4）			
	口头表达	用语言表达思想感情和对事物的看法，以达到交流的目的。 □优（10）　□中（7）　□差（4）			
	责任心	对事务或工作认真负责。 □优（10）　□中（7）　□差（4）			
	团队意识	心中时刻有团队，团队利益至上，时刻保持合作，共同完成任务。 □优（10）　□中（7）　□差（4）			

续表

学习情境	学习情境7　设备操作流程介绍			学时		
任务				组长		
成员						
评价项目	评定标准			自评	互评	培训师
小计						
核心能力评价成绩： 核心能力评价成绩（满分100）：=（自评×30%+互评×30%+培训师×40%）×2						
				A1		

表7－14　专业能力评分表

评价项目		评分标准	综合评分（100分）	除权成绩（乘积）	
专业能力	收集信息	根据信息收集内容完成程度评定		0.2	
	制订计划	根据计划内容的实施效果评定		0.2	
	作出决策	根据决策内容是否完全支撑实施工作评定		0.2	
	实施计划	根据实际实施效果评定		0.2	
	检查控制	依据检查功能表格的分数评定		0.2	
专业能力评价成绩：（满分100分）					A2

表7－15　总评分表

总评分					
序号	成绩类型	表格	小计分数	权重系数	得分
1	核心能力	A1		0.4	
2	工作过程	A2		0.6	
合计分数					
培训师签名：________　学员签名：________					

学习情境 8 智能生产线功能分析

一、知识目标

（1）认识智能制造生产线整体工艺；
（2）认识智能制造生产线各站点工艺及功能。

二、技能目标

（1）能解释加工制造系统的组成及功能；
（2）能解释数字化设计系统的组成及功能；
（3）能解释仓储物流系统的组成及功能；
（4）能解释自动化机器人上下料系统的组成及功能；
（5）能解释信息管理系统的组成及功能；
（6）能解释智能生产线的工艺流程；
（7）能向客户介绍智能生产线的组成、功能及工艺。

三、核心能力目标

（1）能利用网络资源、专业书籍、技术手册等获取有效信息；
（2）能用自己的语言有条理地去解释、表述所学知识；
（3）能够借助学习资料独立学习新知识和新技能，完成工作任务；
（4）能够独立解决工作中出现的各种问题，顺利完成工作任务；
（5）能够根据工作任务，制订、实施工作计划，工作过程中有产品质量的控制与管理意识；
（6）能够与团队成员之间相互沟通协商，通力合作，圆满完成工作任务。

情境描述

某公司经过多年研发，研制成功了一套 FMS 生产线（自动化智能生产线）。为了把产品快速推向市场，公司要举办一个产品推介会。你作为公司市场部的一名员工，要在推介会上向来宾介绍智能生产线的功能和设备结构，让客户对智能生产线有个比较全面的了解。

工作过程

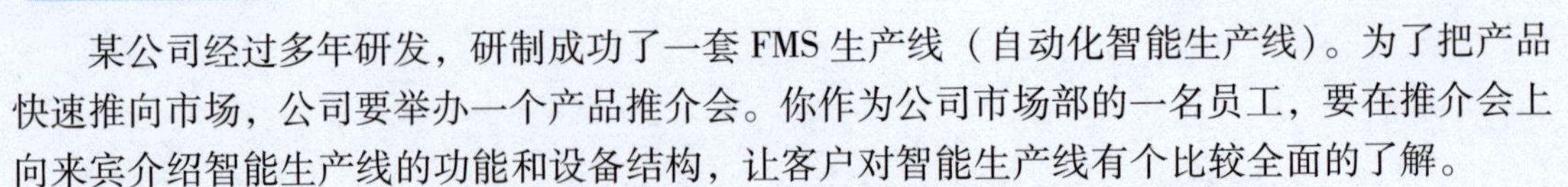

一、收集信息

智能生产线按功能划分可以分为五个系统，如图 8－1 所示是智能生产线系统组成结构，包括加工制造系统、数字化设计系统、仓储物流系统、自动化机器人上下料系统、信息管理系统。智能生产线满足了数字化工厂的理念，包括工件仓储管理、数字化设计、数字化制造加工与后处理、自动输送、信息管理等一系列自动化过程。

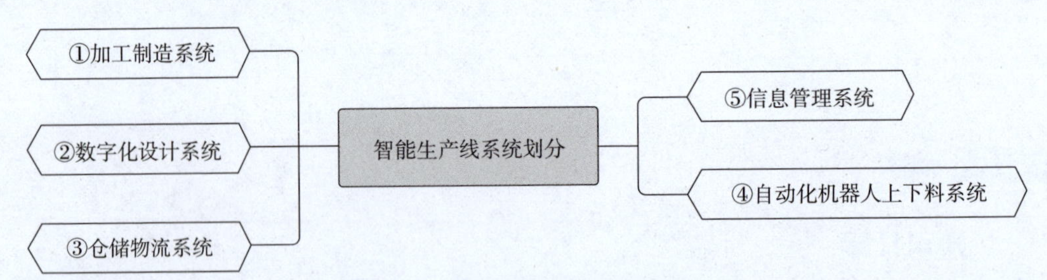

图 8－1　智能生产线系统组成结构

下面将从每个分系统的组成及功能方面，认识智能生产线。请查找相关资料，结合现场设备完成 1～6 引导题。

1. 加工制造系统组成及功能分析

加工制造系统由多套设备组成，这些设备之间采用网络化管理形成一个系统。加工制造系统从设备类型方面可以分为：数控加工、工业机器人、检测、自动清洗机和管理系统软件五部分，如图 8－2 是加工制造系统组成结构。

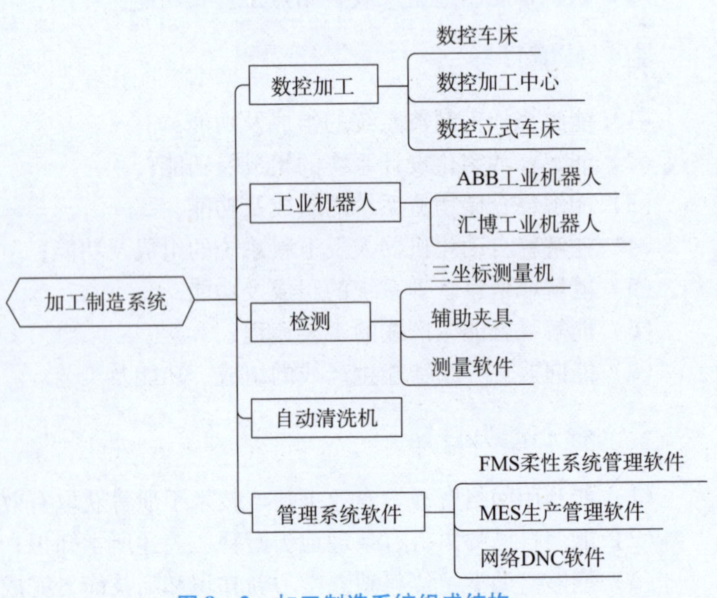

图 8－2　加工制造系统组成结构

（1）数控加工。

数控加工系统由数控车床、数控加工中心、数控立式车床、数控机床 DNC 联网系统、单元触屏操控终端组成。请查找资料，完成表 8－1 中设备名称、设备型号及数量的填写，并解释数控加工中心的功能。

表 8－1　数控加工设备组成

设备图片		设备名称	设备型号	数量
数控加工系统		数控车床	CK40	3
		数控立式车床	CK514	1

数控加工功能描述：

（2）自动清洗机与检测系统。

自动清洗机由上罩、机体、回转工作台、转动装置、进出料输送系统、清洗液箱、加热过滤系统、清洗液喷洗系统、吸雾排空系统，压缩空气吹水、烘干及补吹系统，电气控制系统等组成。

检测系统由三坐标测量机、配套辅助夹具、测量机配套电脑及相关软件组成。

请查找资料，根据表 8－2 中的设备图片，完成设备名称、设备型号及数量的内容填写。描述自动清洗机和检测系统的功能。

表 8－2　清洗与检测系统设备组成

设备图片		设备名称	设备型号	数量
清洗与检测系统		三坐标测量机	Daisy 564PH 10T TP20	1

续表

设备图片		设备名称	设备型号	数量
清洗与检测系统	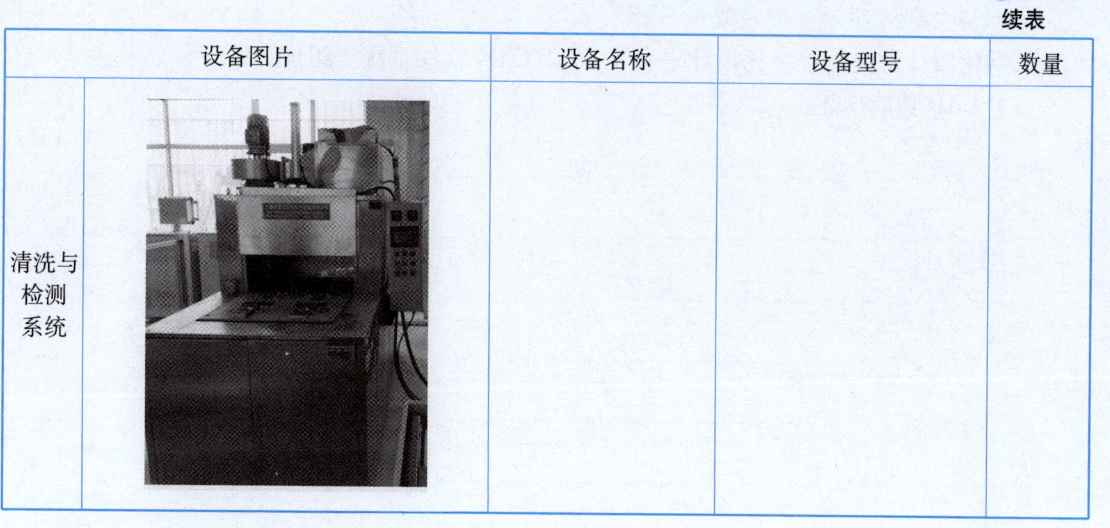			

自动清洗机功能描述：

检测功能描述：

2. 数字化设计系统组成及功能分析

数字化设计系统由数字化设计平台和CAD/CAM软件系统等组成。

（1）CAD功能描述：

（2）CAM功能描述：

3. 仓储物流系统组成及功能分析

仓储物流系统又可以划分成仓储系统、物流系统和智能识别系统，如图8－3所示。

（1）请查找资料，根据下列关键词的描述，完成表8－3中图片显示的设备名称和数量的内容填写。

关键词：双层倍速链输送机、巷道式码垛机、仓格传感器检测系统、RFID识别系统、AGV移动小车、双排自动化立体仓库、托盘及工件、出入库平移台、工业视觉检测、定位装置、升降输送机。

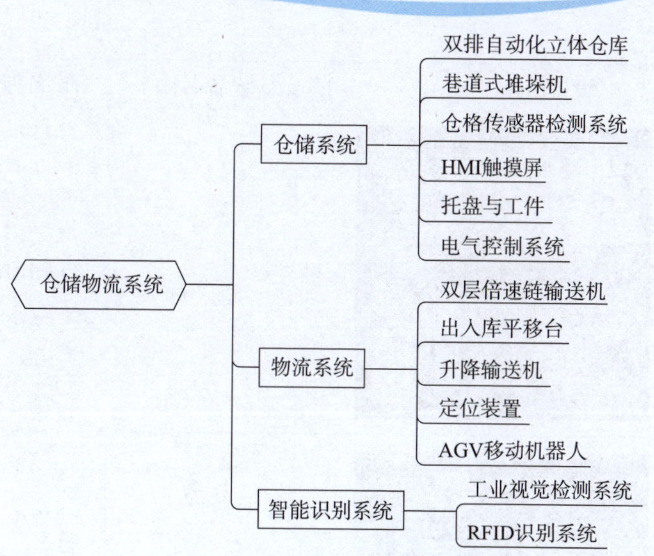

图 8－3　仓储物流系统组成结构

表 8－3　仓储物流系统设备组成

		设备图片	设备名称	设备型号	数量
仓储物流系统	仓储系统			HB－CK003A	
				HB－3T03Z	

续表

	设备图片		设备名称	设备型号	数量
仓储物流系统	仓储系统	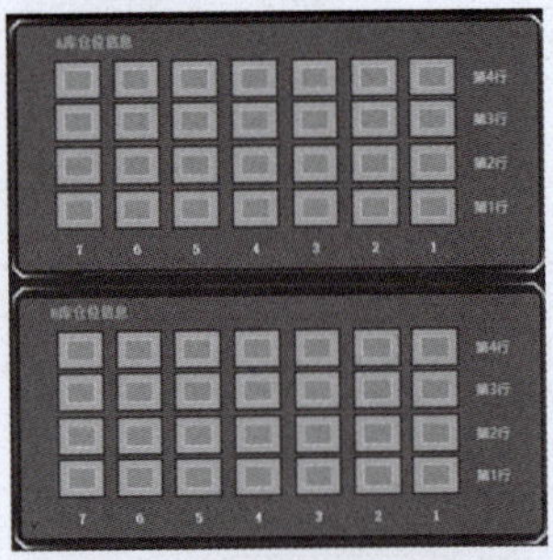		与系统配套	
				与系统配套	
	物流系统			HB – BSS02	
				HB – SCT03	
		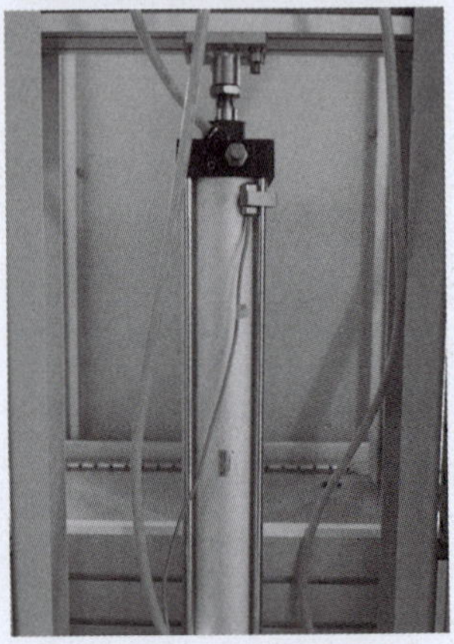		HB – SJJ01	

续表

		设备图片	设备名称	设备型号	数量
仓储物流系统	物流系统			无	
				BS－AGV01	
	智能识别系统			Insight－7010	
				RF380	

（2）仓储系统设备组成及功能分析。

仓储系统设备组成：仓储系统主要由双排自动化立体仓库、巷道式码垛机、仓格传感器检测系统、HMI触摸屏、托盘与工件、电气控制系统等组成。

仓储系统功能描述：

(3) 物流系统设备组成及功能分析。

物流系统设备组成：物流系统主要由双层倍速链输送机、出入库平移台、升降输送机、定位装置、AGV 移动小车等组成。

物流系统功能描述：

(4) 智能识别系统。

智能识别系统的组成：智能识别系统由工业视觉检测和 RFID 射频识别设备等组成，如图 8-4 所示。

智能识别系统功能描述：

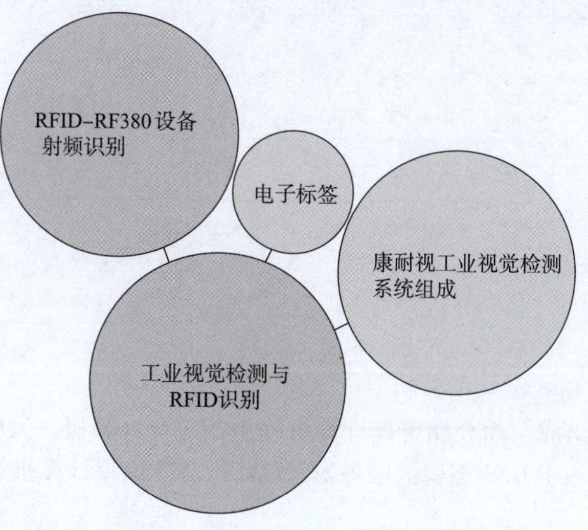

图 8-4　智能识别系统组成示意图

4. 自动化机器人上下料系统组成及功能分析

自动化机器人上下料系统的组成：主要由工业机器人、机器人末端快换工具、自动定位装置、机器人外部轴等设备组成，如图 8-5 所示。

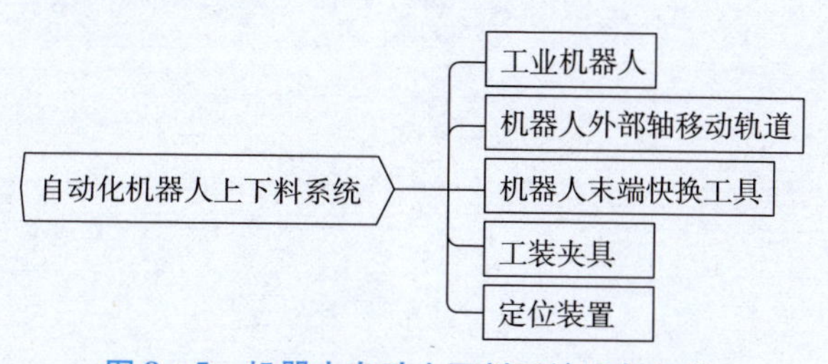

图 8-5　机器人自动上下料系统设备组成

自动化机器人上下料系统功能描述：

5. 信息管理系统组成及功能分析

信息管理系统的组成：由仓储管理计算机、主控工业计算机、大屏幕电子看板、液晶电视、视频监控系统、基于 B/S 架构的服务器、CAD/CAM 编程计算机等设备组成，如图 8－6 所示。

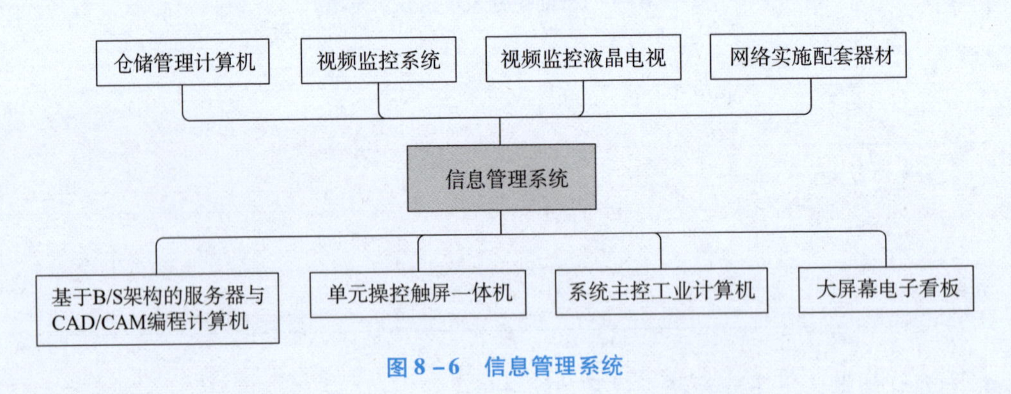

图 8－6　信息管理系统

信息管理系统功能描述：

6. 智能生产线系统工艺流程

智能生产线由多个分站点组成，每个分站点都有完整的工艺。如图 8－7 所示的智能生产线总体工艺流程是对智能生产线工艺的简单描述，按照设备实现的功能来划分，智能生产线可以完成毛坯自动下料、数控加工、产品清洗、成品检测、成品入库等自动化生产工艺，并且可以通过 FMS 柔性系统和 MES 管理软件实现产品订单、加工过程、成品数据全周期监控与记录。

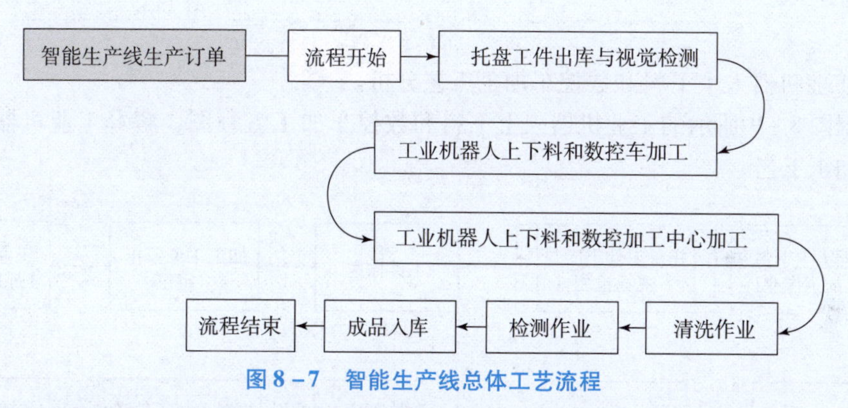

图 8－7　智能生产线总体工艺流程

下面将对智能生产线的每个生产流程进行详细的工艺分析。

（1）托盘工件出库与视觉检测工艺分析。

请根据图 8－8 所示的托盘工件出库与视觉检测工艺流程图，解释托盘工件出库与视觉检测工艺。

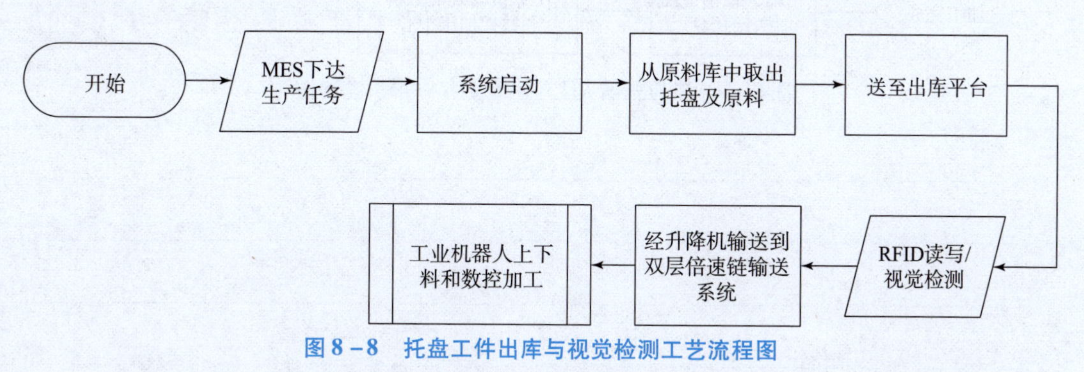

图 8－8　托盘工件出库与视觉检测工艺流程图

（2）工业机器人上下料和数控车加工工艺分析。

请根据图 8－9 所示的工业机器人上下料和数控车加工流程图，解释工业机器人上下料和数控车加工工艺。

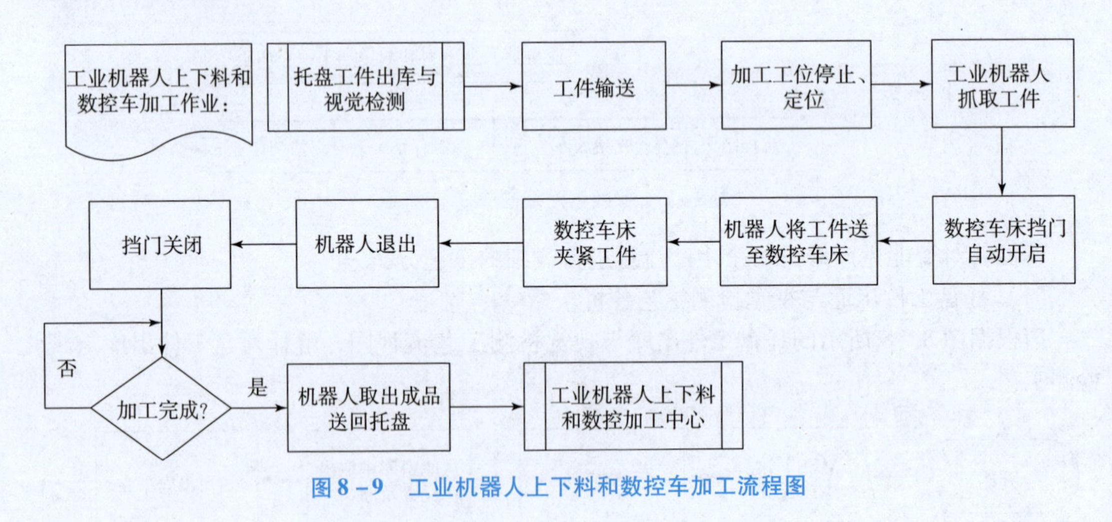

图 8－9　工业机器人上下料和数控车加工流程图

（3）工业机器人上下料和数控加工中心加工工艺分析。

托盘和工件继续向下传，经光电传感器与气动定位装置后停止，等待伺服行走轴工业机器人动作，工业机器人末端工具抓取工件并分别送至两套数控加工中心内，加工中心气动夹具将工件夹紧，加工中心按照预先设定的程序对工件进行加工，加工完毕后，上下料工业机器人夹取工件并送回到输送线托盘内，托盘经移载输送机输送至倍速链输送线，然后再输送至下一个工序进行零件清洗作业。

根据上面描述，结合设备实际运行情况，补充完整图8－10所示的工业机器人上下料和数控加工中心工艺流程图。

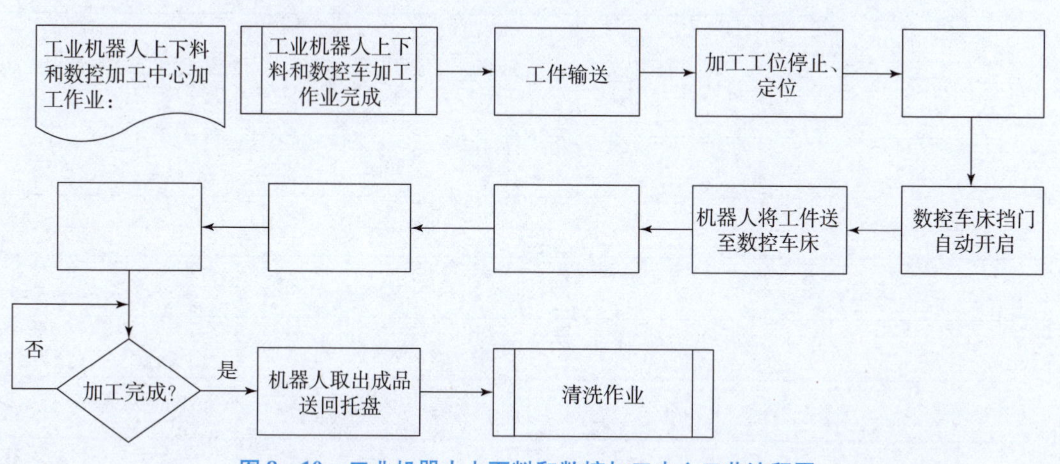

图8－10　工业机器人上下料和数控加工中心工艺流程图

（4）清洗与零件检测作业工艺分析。

由工业机器人抓取工位上加工完成的零件，放到自动清洗机内。

零件先后经过清洗液喷洗、吸雾排空系统和压缩空气吹水、烘干及补吹系统，经过上述处理后零件表面的加工残余铁屑被清除，为零件检测做好准备。

需要抽检的工件被上下料机器人抓取到中转平台，然后由人工进行抽检。抽检完成后，检测数据会通过单元电脑上传，与系统中标准数据进行对比，判断工件是否合格，并根据检测结果来调整系统参数，实现整个系统的数字化管理。

根据清洗作业的工艺描述补充完整图 8－11 所示的清洗与零件检测工艺流程图。

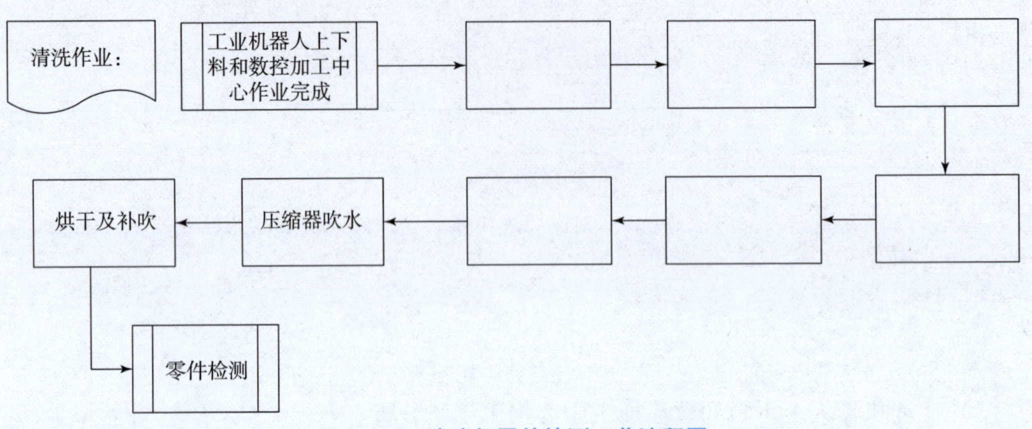

图 8－11　清洗与零件检测工艺流程图

（5）成品入库工艺分析。

工件经过清洗和检测作业后，会被工业机器人夹取到双层倍速链输送线的托盘上，之后托盘将行至平移台末端，然后被码垛机拾取并搬运至仓库相应的仓格内。

仓格内产品数量、质量、标签、位置等信息被总控系统实时记录，可随时调用查询，并可追溯至各工艺环节。请根据现场设备的运行演示，分析成品入库的工艺。

小知识

智能制造是指基于物联网、云计算、大数据等新一代信息技术，贯穿于设计、生产、管理、服务等制造活动的各个环节，具有信息深度自感知、智慧优化自决策、精准控制自执行等功能的先进制造过程、系统和模式的总称。

与传统制造相比，智能制造有其特有的内涵，涉及四个层面的智能化。

第一是产品的智能化，智能制造的产品都趋于变成智能终端，可通过物联网相互连接。

第二是装备的智能化，从智能制造的单元、某台单机、某台机床及机器人向智能生产线、智能车间、智能生产系统去演变。

第三是流程的智能化，管理的组织架构及企业与企业之间的交互，如何适应产品的智能化、装备的智能化，需要重新构建与调整。

第四是服务的智能化，制造业服务化就是制造企业为了获取竞争优势，将价值链由以制造为中心向以服务为中心转变，因此如何将数字技术、智能技术、泛在网络技术以及新兴信息技术的集成应用到服务中也需要企业重新思考和规划。

二、制订计划

为提高工作效率，确保工作质量，小组成员或个人需根据情境任务制定整个工作过程的计划表格。制定内容需要包含工作步骤、工作内容、人员划分、时间分配、安全意识等。请根据情境描述要求，参考收集到的信息，制定工作计划表。表 8－4 所示是智能生产线功能分析工作计划表。

表 8－4　智能生产线功能分析工作计划

学习情境	学习情境 8　智能生产线功能分析	姓名		日期	
任务	向客户介绍智能生产线的功能	小组成员			
序号	工作阶段/步骤	准备清单 设备/工具/辅具		组织 形式	工作 时间
1	填写计划工作表格	填写计划表		小组工作	
2	根据任务划分工作内容	白板		小组工作	
3	智能生产线结构介绍	话筒/电脑		个人工作	
4	加工制造系统功能介绍	话筒/电脑		个人工作	
5	数字化设计系统功能介绍	话筒/电脑		个人工作	
6	仓储物流系统功能介绍	话筒/电脑		个人工作	
7	自动化机器人上下料系统功能介绍	话筒/电脑		个人工作	
8	信息管理系统功能介绍	话筒/电脑		小组工作	
9	实施检查	填写检查表		小组工作	
10	评估工作过程	填写评估表		小组工作	

续表

学习情境	学习情境8　智能生产线功能分析	姓名		日期	
任务	向客户介绍智能生产线的功能	小组成员			
序号	工作阶段/步骤	准备清单 设备/工具/辅具		组织形式	工作时间
工作安全	安全：防触电、防设备碰撞，劳动保护用品穿戴整齐。 重点及难点：编制工艺流程图				
工作质量 环境保护	6S标准：垃圾分类、工具摆放整齐、设备整洁规整				

三、作出决策

小组成员制订计划后，需要在培训师的参与下，对计划表格的内容进行检查和确认。

讨论内容包括：计划表工作内容的合理性、小组成员工作划分、时间安排、安全环保意识等。决策表经培训师确认合格后，方可实施，否则需要对知识进行补充，对计划进行修改。表8－5所示是智能生产线功能分析决策表。

表8－5　智能生产线功能分析决策表

学习情境	学习情境8　智能生产线功能分析	小组名称		日期	
任务		小组成员			
决策内容					
序号	决策点	决策结果			
1	工作划分合理、全面无遗漏	是○		否○	
2	小组内人员工作划分合理	是○		否○	
3	小组成员已经具备完成各自分配任务的能力	是○		否○	
4	工作时间规划合理	是○		否○	
5	小组成员已经具备安全环保意识	是○		否○	
决策结果记录					
○还有未解决的__________问题，需要重新修改计划					
○还有未解决的__________问题，需要补充新的知识					
○计划表规划合理，可以实施计划 培训师：__________　时间：__________					

四、实施计划

（1）完整解释智能生产线的功能。

请通过查找资料并结合智能生产线的实际运行工艺，完整分析智能生产线的功能，为向来宾介绍智能生产线功能工作做准备。（可选择文字描述、流程图、PPT 等形式）

（2）向来宾介绍智能生产线的功能。

介绍内容要求包括以下几点：

1）加工制造系统组成及功能分析；

2）数字化设计系统组成及功能分析；

3）仓储物流系统组成及功能分析；

4）自动化机器人上下料系统组成及功能分析；

5）信息管理系统组成及功能分析。

向来宾介绍生产线功能时，要求解说员声音洪亮、吐字清晰、面带微笑。

内容提示记录：

五、检查控制

表8-6所示是智能生产线功能分析评分表，评分项目的评分等级为10—9—7—5—3—0。学员首先如实填写“学员自检评分”部分，教师根据任务完成情况填写“教师检查评分”和“对学员自评的评分”部分，最后经过除权公式算出功能检查总成绩。

“对学员自评的评分”项目评分标准为：“学员自检评分”与“教师检查评分”的评分等级相同或相邻时为10分，否则为0分。

表 8-6　智能生产线功能分析评分表

序号	分步功能	学员自检评分	教师检查评分	对学员自评的评分
1	能解释加工制造系统的组成及功能			
2	能解释数字化设计系统的组成及功能			
3	能解释仓储物流系统的组成及功能			
4	能解释自动化机器人上下料系统的组成及功能			
5	能解释信息管理系统的组成及功能			
6	能解释托盘工件出库与视觉检测工艺			
7	能解释工业机器人上下料和数控车加工过程			
8	能解释工业机器人上下料和数控加工中心作业			
9	能解释清洗与零件检测作业工艺			
10	介绍时声音洪亮			
11	向客户介绍立体仓库功能时，吐字清晰，逻辑性较强			
小计得分（满分 110 分）				
除数		11	11	11
除权成绩				
功能检查总成绩：= 教师检查评分 ×0.5 + 对学员自评的评分 ×0.5 功能检查总成绩：				

六、评价反馈

表 8-7 所示是核心能力评分表，表 8-8 所示是专业能力评分表，表 8-9 所示是总评分表。

表 8-7　核心能力评分表

学习情境		学习情境 8　智能生产线功能分析	学时		
任务			组长		
成员					
评价项目		评定标准	自评	互评	培训师
核心能力	安全操作	无违章操作，未发生安全事故。 □优（10）　□中（7）　□差（4）			
	收集信息	通过不同的途径获取完成工作所需的信息。 □优（10）　□中（7）　□差（4）			
	口头表达	用语言表达思想感情和对事物的看法，以达到交流的目的。 □优（10）　□中（7）　□差（4）			

续表

学习情境		学习情境 8　智能生产线功能分析	学时		
任务			组长		
成员					
评价项目		评定标准	自评	互评	培训师
核心能力	责任心	对事务或工作认真负责。 □优（10）　□中（7）　□差（4）			
	团队意识	心中时刻有团队，团队利益至上，时刻保持合作，共同完成任务。 □优（10）　□中（7）　□差（4）			
小计					
核心能力评价成绩： 核心能力评价成绩（满分 100）：=（自评 ×30% + 互评 ×30% + 培训师 ×40%）×2					A1

表 8-8　专业能力评分表

评价项目		评分标准	综合评分（100 分）	除权成绩（乘积）	
专业能力	收集信息	根据信息收集内容完成程度评定		0. 2	
	制订计划	根据计划内容的实施效果评定		0. 2	
	作出决策	根据决策内容是否完全支撑实施工作评定		0. 2	
	实施计划	根据实际实施效果评定		0. 2	
	检查控制	依据检查功能表格的分数评定		0. 2	
专业能力评价成绩： （满分 100 分）					A2

表 8-9　总评分表

总评分					
序号	成绩类型	表格	小计分数	权重系数	得分
1	核心能力	A1		0. 4	
2	工作过程	A2		0. 6	
合计分数					
培训师签名：__________　学员签名：__________					

学习情境 9
智能生产线安全分析

一、知识目标

（1）识别智能生产线的安全标识；
（2）识别智能生产线的机械危害；
（3）识别智能生产线的电气危害；
（4）熟悉智能生产线的安全操作规范。

二、技能目标

（1）能辨识工业现场的安全标识；
（2）能对机械的静态和动态设备安全风险因素进行辨识、分析和评估；
（3）能对电气系统安全风险因素进行辨识、分析和评估；
（4）能对智能生产线安全风险因素进行辨识、分析和评估。

三、核心能力目标

（1）能利用网络资源、专业书籍、技术手册等获取有效信息；
（2）能用自己的语言有条理地去解释、表述所学知识；
（3）能借助学习资料独立学习新知识和新技能，完成工作任务；
（4）能独立解决工作中出现的各种问题，顺利完成工作任务；
（5）能根据工作任务，制订、实施工作计划，工作过程中有产品质量的控制与管理意识；
（6）能与团队成员之间相互沟通协商，通力合作，圆满完成工作任务。

情境描述 

××学校对我公司生产的智能生产线非常感兴趣，想购买一条生产线作为教学设备使用。现学校需要对我公司生产线进行安全性的分析和评估，要求从安全标识、安全检测、防护装置等方面进行评估。需要你出具一份智能生产线的安全评估报告交付学校。

工作过程 

一、收集信息

“风险”是带来损失或伤害的一种情况，对风险的度量则是指对安全事件发生的可能性和对造成损害的严重程度的度量。我们需要制定有效措施，在学习智能生产线系统的操作、调试、维修、维护等各阶段避免发生安全事故。

下面将对智能生产线安全风险因素进行辨识、分析和评估。请查找智能生产线的相关资料回答 1 ~4 引导题。

1. 智能生产线标识辨识与分析

安全标志的作用是警告、警示、警醒、禁令、指示。《中华人民共和国安全生产法》第二十八条对安全标志的使用有明确规定：生产经营单位应当在有较大危险因素的生产经营场所和有关设施、设备上，设置明显的警示标志。对于未悬挂、执行不到位等情况，《中华人民共和国安全生产法》在第八十三条中，做了详细解释及处罚措施，请自行查阅学习。

在对智能生产线进行生产、维护、检修等工作前，需要熟知全部机器知识、安全及注意事项。在智能生产线说明书中，将安全注意事项分为“危险”“注意”“强制”“禁止”四种等级，并配以不同的符号以引起使用者的注意。

表 9 -1 是智能生产线中采用的安全标识，现已给定标识符号、危害等级、潜在伤害描述，请根据标识的描述结合现场设备找出此标识对应的智能生产线设置区域/设备，并填入表 9 -1 中。

表 9 -1　安全标识识别

标识符号	危害等级	潜在伤害描述	智能生产线设置区域/设备
	危险	误操作时有危险，可能发生死亡或重伤事故	
	注意	误操作时有危险，可能发生中等程度伤害或轻伤事故	

续表

标识符号	危害等级	潜在伤害描述	智能生产线设置区域/设备
	强制	使用者必须遵守的事项	
	禁止	禁止的事项	
当心伤手 Take care to injure hands	警示标志	系统在其工作区间内的任何人或者物件都可能与其他人产生空间干涉，其后果可能造成系统损坏或人员损伤	
当心触电 Get an electric shock carefully	警示标志	系统在其工作区间内的任何人或者物件都可能与其他人产生空间干涉，其后果可能造成系统损坏或人员损伤	
	其他警示		

注意：任何的操作失误都会因为情况的差异而产生不同的后果。所以，任何注意事项都应该给予足够的重视，并严格遵守！

2. 机械危害危险辨识

机械伤害可以分为静态机械伤害和动态机械伤害。

机械伤害的基本类型有缠绕、卷入、碾压、挤压、剪切、冲撞、飞出物打击、物体坠落打击、切割、擦伤、碰撞、刮蹭、跌倒、坠落等。

（1）设备的静态危险辨识。

机械设备的静态伤害是指设备处于静态不动状态而存在的安全隐患。

具体表现为：构成设备的钢板等坚硬材料存在的毛刺、锐角和尖端等部位，存在割伤、刺伤的风险；设备主要承载部件的强度和刚性达不到设备极限功能要求，引起的设备变形及损坏进而造成伤害。

防控措施：

1）避免设备表面或加工部件存在的毛刺、尖端、尖角造成的割伤、刺伤。穿戴好手套，不用手随便触碰设备，如图9-1所示是设备表面加工毛刺。

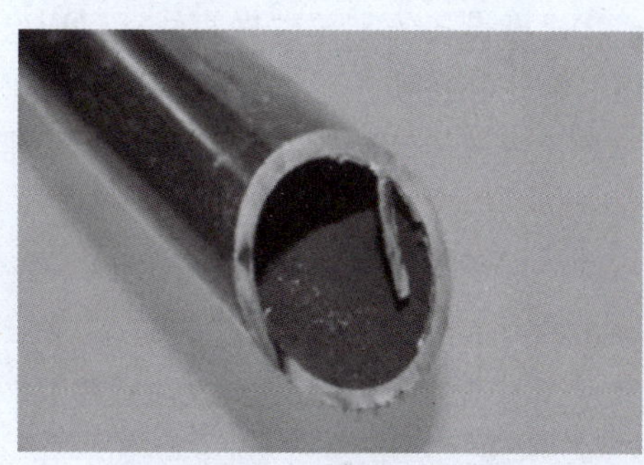

图9-1　设备表面加工毛刺

2）避免产品的倾倒、脱落、跌倒而造成的危害。

3）避免设备因承载力不足造成的危害。

请结合机械设备静态危害特点和智能生产线设备，找出产线中哪些设备存在静态危害？

(2) 设备的动态机械伤害。

1) 传动装置危险辨识。

机械传动一般分为齿轮传动、链传动和带传动。由于部件不符合要求，如机械设计不合理，传动部分和突出的转动部分外露、无防护等，可能把手、衣服绞入其中造成伤害。链传动与皮带传动中，带轮容易把工具或人的肢体卷入；当链和带断裂时，容易发生接头抓带人体，皮带飞起伤人。传动过程中的摩擦和带速高等原因，也可能使传动带产生静电，产生静电火花，容易引起火灾和爆炸。

常见的机械传动方式有两种：直线和旋转。

①机械设备零部件做旋转运动时会造成伤害。旋转运动造成人员伤害的主要形式是绞伤和物体打击伤。

例如机械设备中的齿轮、支带轮、滑轮、卡盘、轴、光杠、丝杠等零部件都是做旋转运动的。

②机械设备的零部件做直线运动时会造成伤害。做直线运动的零部件造成的伤害主要有压伤、砸伤和挤伤。

对于机械传动装置的安全防护，最常见的措施是安装防护罩。如图 9－2 所示是机械传动安全防护。

图 9－2　机械传动安全防护

如图 9－2 所示的机械传动安全防护中设备的传动方式为链条传动，属于高速旋转类型。这种传动方式在工业现场非常常见，发生的安全事故也非常多。最常见的伤害方式有衣服绞入、工具卷入、人的肢体卷入、头发卷入等，所以此类传送必须安装防护罩。

如图 9－3 所示是火花、静电类安全防护，火花、静电是典型的产生火花和静电类设备的安全隐患。最常见的伤害方式有烫伤、静电触电、砂轮片破裂飞溅造成的割伤等。

根据上述机械传动造成的危害，分析智能生产线的设备组成，找出生产线中机械设备的动态危害有哪些？避免这些危害应采取何种防护措施？

图9-3　火花、静电类安全防护

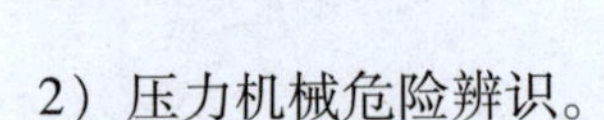

2）压力机械危险辨识。

压力机械常见的有冲床、剪床、车床、气动或液压工作站等。压力机械都具有一定施压部位，其施压部位是最危险的。由于这类设备多为手动操作，操作人员容易疲劳和产生厌烦情绪，引发操作失误，如进料不准造成原料压飞、气动装置造成的挤压、液压装置造成的挤压等，极易发生人身伤害事故。

智能生产线使用了气动、液压、车床等设备，都具有上述压力机械工作的特点。对它们进行安全性分析是确保我们人身和设备安全的前提。图 9－4 所示是气缸，图 9－5 所示是液压站。

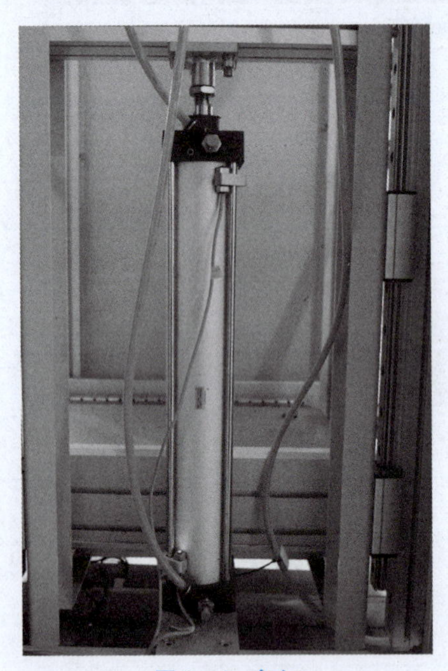

图 9－4 气缸

图 9－5 液压站

气动装置危险辨识：

液压装置危险辨识：

3）机床的伤害。

机床是高速旋转的切削机械，危险性很大。如图9－6所示是数控机床。

①旋转部分，如钻头、车床旋转的工件卡盘等，一旦与人的衣服、袖口、长发、毛巾、手套等缠绕在一起，就会发生人身伤亡事故。

②操作者与机床相碰撞，如由于操作方法不当，用力过猛，使用工具规格不合适，均可能使操作者撞到机床上，造成伤害。

③操作者站的位置不当，就可能会受到机械运动部件的撞击，例如，站在平面磨床或牛头刨床运动部件的运动范围内，就可能被平面磨床工作台或牛头刨床滑枕撞上。

④刀具伤人，刀具造成的伤害，例如车床上的车刀、铣床上的铣刀、钻床上的钻头、磨床上的磨轮、锯床上的锯条等，都有可能造成人身伤害。

⑤飞溅的钢屑、飞溅的磨料、崩碎的切屑、赤热的刀削都有可能划伤、烫伤身体或眼睛。

⑥工作现场环境不好，例如照明不足、地面滑污、机床布置不合理、通道狭窄以及零件或半成品堆放不合理等都可能造成操作者人身伤害。

⑦冷却液对皮肤的侵蚀，噪声对听觉的伤害等。

图 9－6　数控机床

⑧被加工的零件造成的伤害。机械设备在对零件进行加工的过程中，有可能对人身造成伤害。

请根据上述机床的伤害，列举出智能生产线数控车床、加工中心设备中可能出现的危险。

4）工业机器人的伤害。

机器人的行动轨迹及动作是机器人工程师按照生产工艺对机器人进行编程生成的。机器人在位置点间移动形成轨迹或动作。机器人在移动过程中速度和惯性是非常大的，所以我们在对机器人进行调试、维护、维修工作时，要避免与机器人碰撞造成伤害。

另外，智能生产线中使用了机器人的外部轴，实现了机器人从双层倍速链输送线到数控车床之间的物料搬运和转移的功能，进而实现智能生产线自动上下料功能。如图9－7所示是ABB机器人，它是否移动，取决于生产线和机器人的工作状态，机器人外部轴的移动可能造成碰撞或者碾轧的危害。

图9－7　ABB机器人

请依据上述工业机器人的伤害和现场生产线中的机器人设备，考虑该采取什么措施避免此类安全事故的发生？

3. 电气安全技术

（1）请查找网络补充完整感知电流、摆脱电流、致颤电流的定义。

1）感知电流：是指电流流过人体时可引起感觉的最小电流。感知电流的最小值称为感知阈值。不同人群的感知电流及感知阈值不同。成年男性平均感知电流约为（　　）mA，成年女性为（　　）mA，最小的感知电流为0.5 mA，与时间无关。

2）摆脱电流：是指人在触电后能够（　　）的最大电流，摆脱电流的最小值称为摆脱阈值。对于正常人，摆脱阈值平均为（　　）mA。

3）致颤电流：是指引起心室颤动的最小电流，其最小电流即室颤阈值。心室颤动将导致死亡，室颤电流即为致命电流。

电流流经人体的（　　）最危险。直流电流大于摆脱电流 300 mA 时，将导致不能脱离。如图 9－8 所示是人体触电示意图。

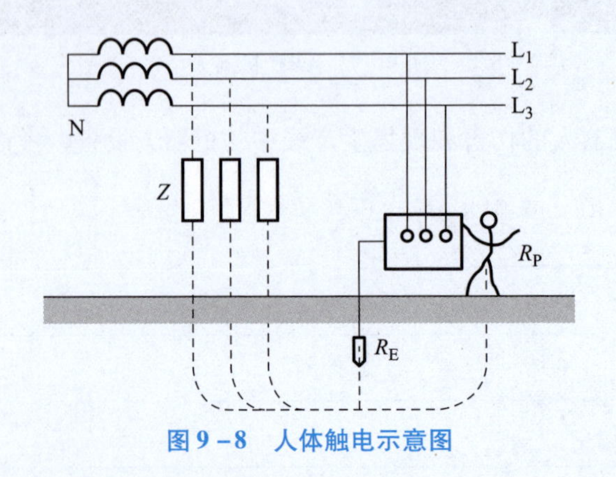

图 9－8　人体触电示意图

（2）安全电压。

安全电压又称为安全特低电压，是属于兼有直接接触电击和间接接触电击防护的安全措施，是指不致使人直接致死或致残的电压。行业规定安全电压为不高于（　　）V，持续接触安全电压为（　　）V，安全电流为（　　）mA。电击对人体的危害程度，主要取决于通过人体电流的大小和通电时间长短。

保护原理：通过对系统中可能作用于人体的电压进行限制，从而使触电时流过人体的电流受到抑制，将触电危险性控制在没有危险的范围内。安全电压是低压，但低压不一定是安全电压。

低压是指用于配电的交流系统中 1 000 V 及其以下的电压等级。

当心触电

（3）接触电压。接触电压的防护措施有哪些，都起到哪些防护作用？

（4）电气元器件保护作用。

在智能生产线电控柜（见图 9 -9）中，采用了一些电气设计以避免安全事故的发生。请查找电控柜元器件中哪些能起到安全保护的作用？

图 9－9　智能生产线电控柜

（5）电气线路安全。

电气线路是智能生产线电气系统的重要组成部分，它除满足供电可靠性或控制可靠性的要求外，还必须满足各项安全要求。电气线路除了设计之初，根据设备的用电参数选型外，还需要考虑现场的敷设方式。合理地、安全地敷设，才能确保自动化生产线长期、稳定地运行。根据智能生产线不同设备对线路的需求，需要采用不同的方式进行敷设，下面介绍几种线路敷设常用的安全防护措施。

架空线路：如果腐蚀性强烈，可用铜导线，单股铝或铝合金线不得架空敷设。

电缆线路：特别适用于有腐蚀性环境、易燃易爆场所。

金属管：适用于易爆、易燃、多尘、高温、顶棚内；不适用于特别潮湿的环境。

硬塑料：适用于潮湿、腐蚀、多尘环境；不适用于高温和易受机械损伤的环境。

在如图9－10所示的智能生产线线路中，电气线路敷设都采用了哪些方式？你认为哪些地方有可能存在安全隐患，应该如何优化和改进？

图9－10　智能生产线线路

4. 智能生产线操作规范

（1）目的。

学生在对智能生产线进行操作、调试、维修、维护学习时，必须在指导老师的指导下严格遵循智能生产线操作规范操作设备。学生需务必按照技术文件和各独立元件的使用要求使用该系统，以保证人员和设备安全。

（2）适用范围。

智能生产线。

（3）岗位主要危险有害因素、危险源。根据引导题1~3，结合现场设备完善表9-2智能生产线危害因素，掌握（4）~（6）的操作规范。

表9-2　智能生产线危害因素

作业环节	主要危险有害因素、危险源	可能造成的危害	可能伤害的对象
立体库操作	码垛机运行中造成的危险	碰撞、挤压	操作人员、周边人员
	托盘、物料造成的危害	物料掉落砸伤	操作人员、周边人员
	维修、维护、保养立体库时的登高作业	摔伤	
双层倍速链输送系统操作	输送电机的危害	缠绕	操作人员、周边人员
	提升机升降过程中的危害	挤压	操作人员
工业机器人	运动中	碰撞	操作人员
	夹具物料	掉落砸伤	操作人员
数控机床	安全门开关造成的危险	挤压	操作人员
	物料加工后毛刺	割伤、刺伤	操作人员
	车床刀具	割伤	操作人员
其他			

（4）劳保防护用品穿戴要求。

①作业人员应佩戴安全帽、工作服和劳保鞋。

②作业人员严禁穿宽松衣服和戴手套。

（5）作业安全要求。

①作业前：

A. 检查安全防护装置的有效性，包括防护挡板、安全门、安全联锁、紧急制动。

B. 查看各种防止夹具、卡具和刀具松动或脱落的装置是否完好、有效。

C. 检查气源是否正常，各过滤减压阀是否开启，气管是否插好。

D. 检查各工位是否有工件或其他物品。

E. 检查电源是否正常。

F. 检查机械是否连接正常。

G. 作业人员必须经岗前安全培训，并考核合格后才能操作设备。

H. 检查工业机器人作业空间是否有人员、杂物。

I. 以设备操作人员所站立平面为基准，凡高度在 2 m 以内的各种传动装置必须设置防护装置。

②作业时：

A. 空车运行试机后方可正常联动运行。

B. 工业机器人和数控车床装夹工件、工具必须牢固可靠，不得有松动现象。

C. 双层倍速链输送线设备之上不得放置工具、量具等其他杂物。

D. 严禁在工业机器人工作范围内站立、停留。

E. 严禁站立、停留在原料和成品立体库周围。

F. 严禁用手触摸正在运动和旋转的链条、电机、车床、机器人等设备。

G. 任何一种安全装置发生故障时必须停机，经专业人员、课堂老师修复、确认后方可使用。

H. 设备发生异常时应及时请课堂老师处理，严禁带病操作。

I. 高度 2 m 以上登高作业时，必须佩戴安全带，且安全措施得当、可靠。

③作业后：

A. 工作完成后，清除铁屑和杂物，关闭电源和气源。

B. 停机断电后，做好维护保养工作和维护保养记录。

（6）应急要求。

①作业区域发生火险时，应立即停机断电，并使用周边的灭火器进行灭火，同时上报老师，处置无效时立即撤离现场。

②当人员的肢体被割伤、碰撞、摔伤时，应立即按下设备的紧急停止开关，拨打急救电话并报告老师。

③通知学校医务室人员，并做必要的医疗处理。

二、制订计划

为提高工作效率，确保工作质量，小组成员或个人需根据情境任务制定整个工作过程的计划表格。制定内容需要包含工作步骤、工作内容、人员划分、时间分配、安全意识等。请根据情境描述要求，参考收集到的信息，制定工作计划表。如表 9－3 所示是智能生产线安全分析工作计划表。

表 9-3　智能生产线安全分析工作计划表

学习情境	学习情境 9　智能生产线安全分析	姓名		日期	
任务	智能生产线安全分析	小组成员			
序号	工作阶段/步骤	准备清单 设备/工具/辅具		组织形式	工作时间
1	填写计划工作表格	填写计划表		小组工作	
2	根据任务划分工作内容	白板		小组工作	
3	智能生产线标识辨识介绍	电脑		个人工作	
4	机械危害安全介绍	电脑		个人工作	
5	电气安全技术介绍	电脑		个人工作	
6	智能生产线操作规范介绍	电脑		个人工作	
7	实施检查	填写检查表		小组工作	
8	评估工作过程	填写评估表		小组工作	
9					
10					
工作安全	安全：防触电、防设备碰撞，劳动保护用品穿戴整齐。 重点及难点：编制工艺流程图				
工作质量 环境保护	6S 标准：垃圾分类、工具摆放整齐、设备整洁规整				

三、作出决策

小组成员制订计划后，需要在培训师的参与下，对计划表格的内容进行检查和确认。

讨论内容包括：计划表工作内容的合理性、小组成员工作划分、时间安排、安全环保意识等。决策表经培训师确认合格后，方可实施，否则需要对知识进行补充，对计划进行修改。表 9-4 所示是智能生产线安全分析决策表。

表 9-4　智能生产线安全分析决策表

学习情境	学习情境 9　智能生产线安全分析	小组名称		日期	
任务		小组成员			
决策内容					
序号	决策点	决策结果			
1	工作划分合理、全面无遗漏	是○		否○	
2	小组内人员工作划分合理	是○		否○	
3	小组成员已经具备完成各自分配任务的能力	是○		否○	

续表

<table>
<tr><td>学习情境</td><td>学习情境 9　智能生产线安全分析</td><td>小组名称</td><td></td><td>日期</td><td></td></tr>
<tr><td>任务</td><td></td><td>小组成员</td><td colspan="3"></td></tr>
<tr><td colspan="6">决策内容</td></tr>
<tr><td>序号</td><td>决策点</td><td colspan="4">决策结果</td></tr>
<tr><td>4</td><td>工作时间规划合理</td><td colspan="2">是○</td><td colspan="2">否○</td></tr>
<tr><td>5</td><td>小组成员已经具备安全环保意识</td><td colspan="2">是○</td><td colspan="2">否○</td></tr>
<tr><td colspan="6">决策结果记录</td></tr>
<tr><td colspan="6">○还有未解决的＿＿＿＿＿＿＿＿＿＿问题，需要重新修改计划</td></tr>
<tr><td colspan="6">○还有未解决的＿＿＿＿＿＿＿＿＿＿问题，需要补充新的知识</td></tr>
<tr><td colspan="6">○计划表规划合理，可以实施计划
培训师：＿＿＿＿＿＿　时间：＿＿＿＿＿＿</td></tr>
</table>

四、实施计划

1. 对智能生产线进行安全分析

请通过查找资料和现场设备，对智能生产线进行安全分析，并出具一份安全分析报告。

2. 向来宾介绍智能生产线功能

介绍内容要求包括以下几点：

（1）智能生产线标识辨识与分析；

（2）机械危害安全分析；

（3）电气安全技术；

（4）智能生产线操作规范。

向来宾介绍生产线功能时要求解说员声音洪亮、吐字清晰、面带微笑。

内容提示记录：

五、检查控制

表9-5所示是智能生产线安全分析评分表，评分项目的评分等级为10—9—7—5—3—0。学员首先如实填写“学员自检评分”部分，教师根据任务完成情况填写“教师检查评分”和“对学员自评的评分”部分，最后经过除权公式算出功能检查总成绩。

“对学员自评的评分”项目评分标准为：“学员自检评分”与“教师检查评分”的评分等级相同或相邻时为10分，否则为0分。

表 9-5 智能生产线安全分析评分表

序号	分步功能	学员自检评分	教师检查评分	对学员自评的评分
1	能说出智能生产线标识及危害等级			
2	能解释机械危害的静态危害			
3	能解释机械危害的动态危害			
4	能解释感知电流、摆脱电流、致颤电流及对人体的伤害程度			
5	能说出智能生产线中电控柜的保护元件的保护功能			
6	能说出智能生产线线路敷设方式			
7	能说出智能生产线的操作规范			
8	介绍时声音洪亮			
9	向客户介绍立体仓库功能时，吐字清晰，逻辑性较强			
小计得分（满分 90 分）				
除数		9	9	9
除权成绩				
功能检查总成绩：=教师检查评分×0.5+对学员自评的评分×0.5 功能检查总成绩：				

六、评价反馈

表 9-6 所示是核心能力评分表，表 9-7 所示是专业能力评分表，表 9-8 所示是总评分表。

表 9-6 核心能力评分表

学习情境		学习情境 9 智能生产线安全分析	学时		
任务			组长		
成员					
评价项目		评定标准	自评	互评	培训师
核心能力	安全操作	无违章操作，未发生安全事故。 □优（10） □中（7） □差（4）			
	收集信息	通过不同的途径获取完成工作所需的信息。 □优（10） □中（7） □差（4）			
	口头表达	用语言表达思想感情和对事物的看法，以达到交流的目的。 □优（10） □中（7） □差（4）			
	责任心	对事务或工作认真负责。 □优（10） □中（7） □差（4）			
	团队意识	心中时刻有团队，团队利益至上，时刻保持合作，共同完成任务。 □优（10） □中（7） □差（4）			

续表

学习情境	学习情境9　智能生产线安全分析		学时		
任务			组长		
成员					
评价项目	评定标准		自评	互评	培训师
小计					
核心能力评价成绩： 核心能力评价成绩（满分100）：=（自评×30%＋互评×30%＋培训师×40%）×2					A1

表9－7　专业能力评分表

评价项目		评分标准	综合评分（100分）	除权成绩（乘积）	
专业能力	收集信息	根据信息收集内容完成程度评定		0.2	
	制订计划	根据计划内容的实施效果评定		0.2	
	作出决策	根据决策内容是否完全支撑实施工作评定		0.2	
	实施计划	根据实际实施效果评定		0.2	
	检查控制	依据检查功能表格的分数评定		0.2	
专业能力评价成绩： （满分100分）					A2

表9－8　总评分表

总评分					
序号	成绩类型	表格	小计分数	权重系数	得分
1	核心能力	A1		0.4	
2	工作过程	A2		0.6	
合计分数					
培训师签名：__________　学员签名：__________					

参考答案

学习情景1

1. 车间布局及功能

（1）立体仓库巷道堆垛机　AGV小车　控制柜

上下料机　上倍速链　清洗机　一维轨道　上下料机器人　数控车床

（2）参考设备说明书，对生产工艺进行描述。（略）

2. 车间安全规定

（1）安全法规　规章制度　工艺规程　防护用品　生产作业　高跟鞋　精力　饮酒　防护装置　防护围栏　电气设备　清洁

（2）连线（略）

3. 三级安全教育

（1）厂级安全教育　车间级安全教育　岗位安全教育

（2）依据三级安全教育标准进行陈述，并结合智能生产线实际情况进行合理分析。（略）

4. 安全标识

（1）依照网络资源进行查找，并描述。（略）

（2）连线（略）

四、实施计划（略）

学习情景2

1. 消防的重要性

（1）设备损坏　人员伤害　生产停滞　财产损失　产生爆炸　厂房坍塌

电源短路　人员窒息

（2）根据学员所见所闻进行描述。（略）

2. 安全消防教育

安全消防“四个能力”：

隐患　初期　逃生　宣传教育

初期火灾现场处置程序：

119　疏散　警惕　扑救　消防

消防安全“五懂”：

法律　危险性　制度　灭火

3. 设备易燃点

从设备电控系统、润滑系统及设备易燃壳体等几个方面进行分析。（略）

4. 火灾种类及灭火器选择

（1）重点从带电类（E类）、易燃油品（B类）、A类火灾等几个方面分析。（略）

（2）根据前面参考资料进行回答。（略）

四、实施计划（略）

学习情景3（略）

学习情景4

（2）表4－1中：

物理性危险、有害因素

化学性危险、有害因素

操作失误、指挥失误、监护失误

（5）表4－4中：

严格执行车间6S管理，及时整理

工件摆放超高，不稳固。当需要移动时容易倒塌将人砸伤

更换PE线并配接地标识

地面油污、积水应及时清理，否则污染环境还可能造成人员滑倒摔伤

加装防护罩

员工在作业时容易踩踏到机床脚踏板上摆放的工具工装，造成磕碰、摔伤等事故

（6）A

（7）D

（8）简述事故防范措施：

◆ 操作人员必须经培训取得相应资格证书后方可上岗操作。

◆ 操作人员熟知本岗位安全操作规程，并按规程要求操作。

◆ 定期对电气设备进行预防性试验，绝缘工具定期检测。

◆ 防雷设施及接地保持有效完好，定期检测接地电阻是否符合要求。

◆ 消防器材齐全，挂放整齐，定期检查，保持完好有效。

◆ 室内外严禁堆放物品，保持通道畅通。

（9）简述事故诱因：

◆ 安全防护、操纵控制装置等故障或失控引发事故。

◆ 维护不当、电气元件失修、线路破损、绝缘老化、接地不良等引发事故。

◆ 非本设备操作人员操作设备、违章操作、指挥不当、协调不好、误操作等引发事故。

◆ 未按规定穿戴劳动防护用品等引发事故。

◆ 工件物品堆置或摆放不符合安全要求引发事故。

四、实施计划（略）

学习情景 5

一、收集信息（略）

四、实施计划

1. 机械伤害事故应急处理实施

（1）机械伤害事故现场应急处置措施方案：

◆ 当发现有人受伤后，应立即关闭运转机械，同时向负责人报告。（安全员，内线119）

◆ 送医务室，对伤者进行包扎、止血、止痛、消毒、固定临时措施，防止伤情恶化。（情况严重的需要通知医生到现场处理，并拨打 120）

（2）在机械伤害事故现场应急处置中，需要注意哪些事项？

◆ 机械外伤处理不当，会加重损伤，造成不可挽回的严重后果。

◆ 抢救失血者，应先进行止血；抢救休克者，应采取保暖措施，防止热损耗。

◆ 应保护好事故现场，等待事故调查组进行调查处理。

2. 触电事故应急处置方案

触电事故现场应急处置措施方案：

◆ 当发生触电事故时，立即断电，千万不要用手直接去拉触电的人。

◆ 通知危险区域人员撤离，迅速报告领导，通知安全员、医务人员。

◆ 如果触电者昏迷，应把他安置成卧式，使他保持温暖、舒适，并立即施行触电急救、人工呼吸。

◆ 进行人工呼吸的时间越早越好。应尽早争取在 4 分钟内以心肺复苏法进行抢救，让心脏恢复跳动。

◆ 必要时及时转送医院救治。

◆ 事故发生至现场恢复期间，应封锁现场，防止无关人员进入现场发生意外。

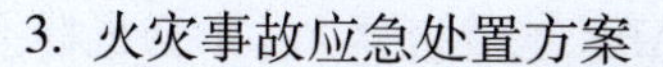

3. 火灾事故应急处置方案

火灾事故现场应急处置措施方案：

◆ 最先发现火情的人要大声呼叫，说清楚某某地点或某某部位失火，并报告负责人，通知安全员。

◆ 初起阶段可用灭火器消防栓灭火，力争在火灾初起阶段，将火扑灭。

◆ 若事态严重，难以控制和处理时，现场负责人或安全员需要马上拨打 119 报告失火地点、火势及联系方式，通知相关主管领导。

◆ 由电工负责切断电源，防止事态扩大。

◆ 同时，组织人员清理、疏散现场人员和易燃易爆、可燃材料。

◆ 疏通事故发生现场的道路，必须保持消防通道的畅通。

◆ 在救援过程中，遇有威胁人身安全情况时，应首先确保人身安全，迅速疏散人群至安全地带，以减少不必要的伤亡。

◆ 设立警戒线，禁止无关人员进入危险区域。

◆ 保护火灾现场，指派专人看守。

4. 中暑事故应急处置方案

中暑事故现场应急处置措施方案：

◆ 首先将患者撤离现场，送到通风的阴凉处休息，解开衣服，以利血液循环。

◆ 喝含盐清凉饮料，吹吹风即可恢复。必要时可服用清热解暑的中西药物等。

◆ 对于重症中暑者，除实行上述急救措施外，急送医院或由专业医务人员进行治疗。

◆ 及时上报。

学习情景 6

1. 智能生产线系统组成

（1）请问该智能生产线包括哪些工作站？

自动化原料库与堆垛机单元、加工系统单元、工业视觉检测与 RFID 识别单元、工业机器人上下料单元、数控加工单元、自动清洗单元、涡轮增压关键零件检测单元、自动化成品仓库与堆垛机单元、AGV 运载机器人单元、总控信息管理单元。

（2）该智能生产线中的工作站分别由哪些元器件和设备组成？

自动化原料库与堆垛机单元：由双排自动化立体仓库、巷道式堆垛机、仓格检测传感器系统、托盘与工件、单元电气控制柜、单元触屏操控终端、PLC 单元电气控制系统等组成。托盘上安装有 RFID 标签，同时设置定位槽，方便放置工件。

加工系统单元：由 4 套出入库平移台、6 套双层变频调速倍速链输送机、2 台升降输送机、8 套工位工作站、气动定位装置、单元 PLC 电气控制系统、单元触屏操控终端、单元控制柜等组成。

工业视觉检测与 RFID 识别单元：由 2 套西门子 RFID－RF380 读写器与支架、电子标签、1 套康耐视工业视觉检测系统组成。

工业机器人上下料单元：由 4 套汇博工业机器人、2 套 ABB 工业机器人、4 套机器人快换工具、6 套末端气动工具、2 套伺服行走轴、4 套机器人底座、6 套机器人控制柜示教盒等组成。

数控加工单元：由 3 套数控车床、1 套数控立式车床自动化改造装备、2 套数控加工中心（增加第 4 轴）和自动化改造装备、数控机床 DNC 联网系统、单元触屏操控终端组成。

自动清洗单元：自动清洗机由上罩、机体、回转工作台及转动装置、进出料输送系统、清洗液箱及加热、过滤系统，清洗液喷洗、吸雾排空系统，压缩空气吹水、烘干及补吹系统，电气控制系统等组成。

涡轮增压关键零件检测单元：由三坐标测量机及配套辅助夹具、与测量机配套的电脑及相关软件组成。

自动化成品仓库与堆垛机单元：由双排自动化立体仓库、巷道式堆垛机、仓格检测传感器系统、托盘与工件、单元电气控制柜、单元触屏操控终端、PLC 单元电气控制系统等组成。托盘上安装有 RFID 标签，同时设置定位槽，方便放置工件。

AGV 运载机器人单元：由 1 套磁导航工业级 AGV 运载机器人、无线数传通信系统、1 套车载辊筒输送机、磁导航运行轨迹等组成。

总控信息管理单元：由 2 套高性能服务器、1 台系统总控工业计算机、系统总控柜、CAD/CAM 软件、MES 生产管理软件、系统总控软件、系统视频监控与网络硬件及工程、3 套设计监控计算机、2 套电子看板、6 套监控显示大屏液晶电视、网络布线工程、系统布线工程等组成。总控通过工业以太网等总线进行各单元集成作业。

2. 智能生产线系统功能概述（略）

3. 智能生产线设计理念（略）

4. 智能生产线应用分析

（1）自动化原料库与堆垛机单元功能：

该单元通过堆垛机自动化出库搬运作业，使托盘与工件完成出库输送加工过程；通过 RFID 信息等进行仓储盘点等物流管理作业；该单元具有独立电气控制功能，可脱离系统通过人机界面进行操作和试验。

（2）数控加工系统单元功能：

该单元通过工业视觉识别托盘上工件的形状、位姿，根据工件的加工工艺流程，通过升降输送机和倍速链输送机输送托盘和毛坯件到工位工作站，通过机器人末端工具拾取，送入数控车削中心和三轴加工中心，完成工件粗、半精加工或精加工过程。

（3）礼品加工单元功能：

该单元机器人抓取倍速链输送机传送过来的工件，完成上一加工单元尚未完成的工序，并将工件的加工信息上传到系统总控，为后续作业做准备；该单元独立运行时为礼品加工单元，由四轴加工中心完成礼品零件的加工，其他部分由相关扩展设备完成，在机器人相应位置预留扩展空间；六自由度工业机器人按工艺流程完成工件上下料、转运、翻转等工序间的衔接，最后六自由度工业机器人把加工完的工件放在工位工作站的托盘上，并由倍速链输送

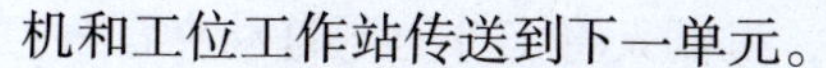

机和工位工作站传送到下一单元。

（4）精密模具加工单元功能：

该单元机器人抓取倍速链输送机传送过来的工件，完成上一加工单元尚未完成的工序，并将工件的加工信息上传到系统总控，为后续作业做准备；该单元独立运行时为模具加工单元，由五轴加工中心完成零件的80% ~90%加工量，由电火花加工机完成零件表面和细节的精加工，六自由度工业机器人按工艺流程完成工件上下料、转运、翻转等工序间的衔接，最后六自由度工业机器人把加工完的工件放在工位工作站的托盘上，并由倍速链输送机和工位工作站传送到下一单元。

（5）自动清洗检测单元功能：

六自由度工业机器人把运转到工位工作台上的工件放到自动清洗机的载物台上，自动清洗机按设定好的程序，通过各方向清洗液喷洗、吸雾排空系统和压缩空气吹水、烘干及补吹系统，清除零件加工后表面的残余铁屑和清洗液并烘干；零件由载物平台运送到原放置位置；六自由度工业机器人抓取工件放到检测平台上，然后按事先设定好的自动检测程序进行检测，检测完成后，通过单元电脑上传检测数据，通过与系统中的标准数据进行对比，判断零件是否合格，并根据检测结果来调整系统参数，实现整个系统的数字化管理。

（6）AGV运载机器人单元功能：

加工完成的工件被放在托盘上，通过倍速链输送机运送到1#AGV运载机器人上，之后由出入库平移台、码垛机完成成品入库；根据主控上位机指令，通过码垛机、出入库平移台将成品中的工艺品或礼品输送至2#AGV运载机器人（AGV根据上位机指令已经在出入库平移台出库端等候），运行至成品展示台，以供观赏查看或赠送参观者（系统正常流程时不运行）。

（7）自动化成品仓库与堆垛机单元功能：

该单元通过堆垛机自动化出入库搬运作业，使托盘与工件完成成品出入库过程；通过RFID信息等进行仓储盘点等物流管理作业；该单元具有独立电气控制功能，可脱离系统通过人机界面进行操作和试验。

（8）总控信息管理单元功能：

系统通过工业总线和以太网络联网，各分单元与主控做数据交换，起到监控并协调管理各分站单元按流程作业的功能。

四、实施计划

（1）系统生产工艺流程：

①托盘工件出库与视觉检测。

生产管理系统MES下达生产任务后，系统开始运行，系统启动后，相应待加工工件和托盘由自动堆垛机从自动化立体仓库原料库中取出，送到加工侧出库平移台上，出库平移台运行，托盘工件经气动定位装置和传感器检测，停止在RFID读写器与康耐视工业视觉检测装置下，进行托盘上RFID电子标签信息检测，以及托盘上工件位置与存在视觉检测，检测完毕后，托盘工件继续运行，经升降输送机传送到双层倍速链输送机上。

②工业机器人上下料和数控车加工。

托盘工件继续向下传输，经光电传感器与气动定位装置后停止在加工工位处，工业机器人动作末端工具抓取工件，此时，数控车床挡门自动开启，机器人将工件送至自动夹盘内，夹紧工件后，机器人退出，挡门关闭，开始加工（根据工艺或调头加工）。加工完毕后，机器人拾取成品工件并送回托盘上。

③工业机器人上下料和数控加工中心加工。

托盘和工件继续向下传输，经光电传感器与气动定位装置后停止，带伺服行走轴的工业机器人动作，末端工具抓取内底座工件，上下料工业机器人分别将其送至两套数控加工中心内的气动夹具，并将其夹紧，按照预先设定的程序进行加工，机床上下料过程与上述相同，加工完毕后，上下料工业机器人拾取工件并送回输送线托盘内，由移载输送机输送至倍速链输送线。

④关键零件清洗作业。

由工业机器人抓取工位上加工完成的零件，放到自动清洗机内，零件经清洗液喷洗、吸雾排空系统，压缩空气吹水、烘干及补吹系统处理后，清除涡轮增压关键零件加工后表面的残余铁屑，为零件检测做好准备。

⑤涡轮增压关键零件检测作业。

需要抽检的零件由上下料机器人抓取中转平台，然后由人工进行抽检，检测完成后，通过单元电脑上传检测数据，通过与系统中的标准数据进行对比，判断零件是否合格，并根据检测结果来调整系统参数，实现整个系统的数字化管理。

⑥自动输送成品入库。

托盘行至平移台末端时，由堆垛机拾取，搬运至仓库相应仓格内放置。仓库与仓格内的产品数量、质量、标签等信息，总控会实时更新与记录，可供随时调用查询，并可追溯至原料及加工各阶段。

（2）1）双排自动化立体仓库　巷道式堆垛机　单元 PLC 电气控制系统

2）该单元通过堆垛机自动化出入库搬运作业，使托盘与工件完成出库输送加工过程，可通过 RFID 信息等进行仓储盘点等物流管理作业。该单元具有独立电气控制功能，可脱离系统通过人机界面进行操作和试验。

3）请查阅相关资料（略）

（3）出入库平移台　-10 ~ +40

表 6-4：请查阅相关资料（略）

（4）1）汇博　ABB　气动　伺服　双层倍速链

2）表 6-5：请查阅相关资料（略）

4）表 6-6：请查阅相关资料（略）

（5）1）数控车床　数控加工中心　数控立式车床　夹盘或夹具　工业机器人

2）数控机床　转塔刀架

3）表 6-7：请查阅相关资料（略）

学习情景 7

一、收集信息

(1) 复位各单元控制柜急停按钮

将各单元控制柜开关切换到“ON”状态，按下启动按钮

(2) 目测　相序测试仪　手动测试　手动测试　上电后　目测/软件监控

(3) 单击操作面板“NC 准备好”按键，使车床上所有操作可继续进行

通过面板上“方式选择”开关，将车床运行模式切换到 X 手轮模式

逆时针旋转手轮，将车床 X 轴运动到合适位置

通过面板上“方式选择”开关，将车床运行模式切换到回零模式

单击“POS”按键，可以查看 X、Z 轴坐标值的变化，当 X 轴坐标值停止变化或回零指示灯亮，此时 X 轴回参考点完成

Z 轴回零及指示

单击“PROG”按键，查看当前程序是否与工艺要求符合

单击“目录”→“操作”按键，通过“方向上下”按键将光标移到对应的程序上

(4) 操作：将对应正向超程轴远离零点多一些距离，同时避免到达负限位，重新进行回零操作。

(5) 单击面板上“RESET”按键，复位报警信息

单击 Z 轴回零，加工中心 Z 轴进行回零动作

单击“PROG”按键，查看当前程序是否与工艺要求符合

(6) 软件向每个单元发送联机信号

所有单元复位完成并且创建好原料加工订单后，单击“运行”按键，生产线开始生产

没有出库并且工艺类型为原料加工的订单

清空订单表里的所有订单

(7) 启动/停止　复位/放行　正向　切换 AGV 小车运行方向到正向　停车卡

通过 AGV 小车面板上“方向切换”按钮，切换 AGV 小车运行方向为反向，单击“启动/停止”按钮，将 AGV 小车移动到码垛机出库位置，AGV 小车自动停止，触屏上显示“到站点”

四、实施计划

(1) 单击操作面板“NC 准备好”按键，使车床上所有操作可继续进行

单击面板上“手轮方式”按键，将车床运行模式切换到手轮模式

逆时针旋转手轮，将车床 X 轴运动到合适位置

单击“回零方式”按键，将车床运行模式切换到回零模式

当 X、Z 轴坐标值停止变化或 X、Z 轴回零指示灯亮时，即为 X、Z 轴回参考点完成

单击“PROG”按键，查看当前程序是否与工艺要求符合

单击“目录”→“操作”按键，通过“方向上下”按键将光标移到对应的程序上

(2) 通过机器人控制柜上模式选择开关，将机器人运行模式切换到左侧自动模式

单击示教器上“运行”按钮，机器人便执行程序

（3）开机 关机

单击“联机”按键，软件状态栏各单元状态显示绿色时表示联机完成

待所有单元复位完成后，单击“运行”按键，系统启动运行

（4）可能的原因有：

◆ 对应单元复位超时；

◆ 对应单元内部有工件；

◆ 对应单元机器人未启动运行，重新运行机器人程序；

◆ 对应单元机床加载了错误的程序。

学习情景 8

1. 加工制造系统组成及功能描述

（1）表 8-1 中：数控加工中心 VMC850L 1

数控加工功能描述：学生通过仿真实训编制加工程序，教师审核数控程序后通过服务器和网络上传至数控机床加工作业。智能生产线通过工业机器人，实现对数控加工车床的上下料，数控加工车床进行零件数控加工。实现智能生产线无人值守的自动化生产。

（2）表 8-2 中：自动清洗机 WFOX-800 1

自动清洗机功能描述：自动清洗机先后进行清洗液喷洗、吸雾排空、压缩空气吹水、烘干及补吹处理，目的是清除零件加工表面残余铁屑，为零件检测做好准备。

检测功能描述：上下料机器人将需要抽检的零件抓取至中转平台，然后由人工进行抽检，检测完成后，通过单元电脑上传检测数据，通过与系统中的标准数据进行对比，判断零件是否合格，并根据检测结果来调整系统参数，实现整个系统的数字化管理。

2. 数字化设计习题组成及功能描述

（1）CAD 功能描述：利用 CAD 制图软件，为加工工件进行图纸设计。

（2）CAM 功能描述：利用 CAM 软件系统，编写数控加工程序，利用仿真功能优化加工程序。通过网络上传至数控机床，进行物料加工。

3. 仓储物流系统组成及功能分析

（1）双排自动化立体仓库 4 巷道式码垛机 2 仓格传感器检测系统 2 托盘及工件 60 件 双层倍速链输送机 6 出入库平移台 4 升降输送机 2 定位装置

AGV 移动小车 1 工业视觉检测 1 RFID 识别系统 2

（2）仓储系统功能描述：实现智能生产线原料及成品的存储与管理。

（3）物流系统功能描述：负责输送加工工件，根据工艺设置，完成各个站点的上下料、物料定位、物料移载、上下层转移等工作。工件加工完成并入库后，工件依次经过码垛机、出入库平移台、磁导航 AGV，最后输送至成品展示台。

（4）智能识别系统功能描述：RFID 电子标签安装在托盘上，RFID 电子标签内存储工件的信息，智能识别系统可通过 RFID 射频识别设备对 RFID 电子标签的信息进行读取和写

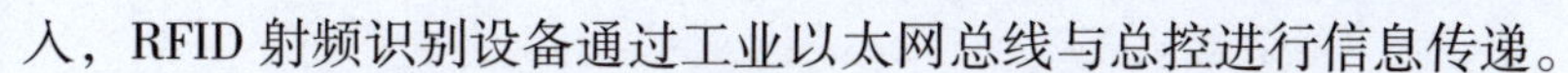

入，RFID 射频识别设备通过工业以太网总线与总控进行信息传递。

视觉检测系统检测工件的类型及位置。康耐视视觉检测装置主要进行出库零件信息检测，检测结果与总控通信，为后续作业做准备。

4. 自动化机器人上下料系统组成及功能分析

自动化机器人上下料系统功能描述：机器人自动上下料系统根据产品设计工艺，在 PLC 控制系统的控制下，实现物料加工、工件自动装配作业。该单元通过工业机器人末端工具对双层倍速链输送线托盘上待加工工件进行拾取，并搬运至数控车床内，数控车床对工件夹紧并进行加工。

数控车床加工完毕后，工业机器人从数控车床内加取工件并移送到双层倍速链输送线托盘上。

5. 信息管理系统组成及功能分析

信息管理系统功能描述：配置信息管理软件，对整体柔性制造生产线的产品设计、生产加工、仓库管理以及总体控制进行信息化管理，实现系统数字化设计、加工、管理，是总控信息共享功能的必备设施。系统配置信息管理软件通过工业总线和以太网，实现各分单元与主控系统之间的数据交换，起到监控并协调管理各分站单元按流程作业的功能。

6. 智能生产线系统工艺流程

（1）MES 根据生产要求进行配方设置，设置完成、系统启动后智能生产线开始联机自动运行。原料经过码垛机从原料库中取出配方指定的托盘，放置在双排立体库的出库平移台上，经过出库平移台上面的 RFID 射频识别数据处理后，输送托盘到双层倍速链输送系统的升降机，继续输送到视觉传感器识别处，视觉识别完成后，系统进入工业机器人上下料和数控加工工序。

（2）托盘经过出库和 RFID 的数据处理后，继续输送，经过顶升输送机换向，输送到配方指定的数控加工的工件承载台上。工件承载台定位完成后，机器人抓取毛坯件送至数控车床。数控车床夹爪夹紧毛坯后，机器人退出，数控车床关闭保护窗。数控车床开始按照工艺加工工件，工件经过数控车床加工完毕后，保护门打开，机器人从数控车床内抓取到工件承载台的托盘内，系统进入工业机器人上下料和数控加工中心工序。

（3）工业机器人抓取工件　挡门关闭　机器人退出　数控车床夹紧工件

（4）工件输送　加工工位停止、定位　工业机器人抓取工件　吸雾排空　清洗液喷洗　自动清洗

（5）工件加工完成、清洗完毕后，托盘经过双层倍速链输送系统，输送到最末端的入库平移台上。RFID 射频识别设备对托盘内的电子标签进行数据的读写。读写完成后，双排成品立体库的码垛机移动至入库平移台，托举托盘后，经码垛机移至成品立体库的仓格处，码垛机把托盘放置到指定仓格。

四、实施计划（略）

学习情景9

1. 表9－1中的填空：请自行查阅相关资料（略）

2. 机械危害危险辨识

（1）可能存在的静态危害：

◆ 毛坯边沿的毛刺具有割伤，高处掉落物导致砸伤。

◆ 立体库仓格托盘摆放不当引起的手指挤压、托盘/物料掉落砸伤。

◆ 设备使用型材的毛刺造成的割伤。

◆ 地面的不锈钢线槽及其他金属物体导致绊倒、摔伤。

◆ 不锈钢线槽边沿的割伤危害。

◆ 线路、桥架、管线的绊倒危害。

◆ 手指接触机床刀具引起的割伤。

◆ 车床加工产生的铁屑引起的扎伤、割伤危险。

◆ 操作现场杂乱，通道不畅。

（2）设备动态危害：

◆ 生产线电机：电机轴承及倍速链的缠绕危险。

◆ 机器人：搬运工件可能的掉落危险、移动过程中有人员在附近的碰撞危险。

◆ 码垛机：移动过程中的碰撞危险、链条断裂、载货平台超载。

◆ 机床：门挡开关时的挤压危险；加工时会有温度很高的切屑飞溅，崩溅到人体暴露部位会导致人员烫伤。

◆ 气缸元器件动作时的撞击、挤压危险。

◆ 设备运行产生的噪声危害。

预防措施：

◆ 机械工件摆放整齐。

◆ 穿戴符合规范的劳动防护用品，女工不扎长头发，不戴防护帽。

◆ 机械设备防护装置无损坏、无故障、防护到位。

◆ 操作人员身体不要进入机械危险部位。

◆ 在检修和正常工作时，挂检修牌，不要启动机械设备。

◆ 不要在不安全的机械设备上停留、休息。

◆ 机械设备故障未及时排除的设备禁止带病运行。

◆ 生产线运行过程中，严禁将手、脚伸入链条轨道内。严禁将工具、杂物伸进链条内。

气动装置危险辨识：

◆ 气缸动力来源于压缩空气，电磁阀触发后不会第一时间通气，需要气压将阀门打开，达到一定气压后才能完成动作。当压力增大时会出现快速产生气动装置的碰撞和挤压。

◆ 气动设备动作信号给定后，气缸会一直通气直至达到限位或气缸行程，所以气缸设备在动作时严禁把肢体、无关物料放置在气缸的行程之内。

◆ 气动设备由于有压缩空气驱动，一般工作压力在 400 bar（1 bar = 10^5 Pa）以上，力量非常大。

液压装置危险辨识：

◆ 严禁手指伸入压模内：液压操作时，严禁手指伸入压模内。

◆ 严禁液压管线有裂纹时继续作业：物体打击，机械伤害。液压设备使用前应进行检查，如发现有漏油、裂痕应给予更换后使用。

智能生产线数控车床、加工中心设备中可能出现的危险：

◆ 其旋转部分，如钻头、车床旋转的工件卡盘等，一旦与人的衣服、袖口、长发、毛巾、手套等缠绕在一起，就会发生人身伤亡事故。

◆ 操作者与机床相碰撞，如由于操作方法不当，用力过猛，使用工具规格不合适，均可能使操作者撞到机床上，造成伤害。

◆ 操作者站的位置不当，可能会受到机械运动部件的撞击，例如，站在平面磨床或牛头刨床运动部件的运动范围内，就可能被平面磨床工作台或牛头刨床滑枕撞上。

◆ 飞溅的钢屑、飞溅的磨料、崩碎的切屑、赤热的刀削都有可能划伤、烫伤身体或眼睛。

请依据上述工业机器人的伤害和现场生产线中的机器人设备，该采取什么措施避免此类安全事故的发生？

◆ 与机器人保持足够安全的距离。禁止工作人员站立在机器人工作范围内，防止碰撞危险。

◆ 突然停电后，要在来电之前预先关闭机器人的主电源开关，并及时取下夹具上的工件。

◆ 对于有外部轴的工业机器人，严禁站立在轴的四周，防止机器人和外部轴移动过程中造成的碰撞和碾压危险。

◆ 确保夹具夹好工件：放置工件脱落可能会造成人员伤害或设备损坏。机器人停机时，夹具上不应该有工件，必须空机。

◆ 避免对示教器进行摔打、抛掷或重击：在不使用示教器时，要将其挂到专门存放示教器的支架上，以防意外掉到地上；避免踩踏示教器电缆。

3. 电气安全技术

（1）1.1　0.7

自行摆脱带电体　10

左手到胸部心脏

（2）36　24　10

（3）接触电压的防护措施：

◆ 做好绝缘处理。

◆ 屏护（遮拦、护罩、护盖）。

◆ 保持间距（带电体与地面、带电体与带电体、带电体与其他设备）。

◆ 戴绝缘手套。

◆ 不用潮湿的手去触碰插座等带电设备。

◆ 断电操作。

（4）电控柜中元器件的作用：

隔离开关：不设置或只有简单的灭弧机构。功能：不能切断短路和较大负荷电流，主要用来隔离电压，与熔断器串联使用。

断路器：发生故障自动分闸，作为线路的主开关。功能：强力灭火装置，能分断短路电流，具有多种保护功能。

漏电保护：属于防止直接、间接触电电击的措施。可以防止漏电火灾，可以用于检测单相接地故障，不能防止相与相、相与 N 线间的触电事故。

（5）安全隐患：

◆ 进线总电源采用架空桥架。

◆ 码垛机移动线路采用拖链方式。

◆ 地面铺设不锈钢线槽。

◆ 双层倍速链多采用软管走线。

◆ 码垛机处盖板翘起，存在割伤危险。

◆ 部分线路裸露。

4. 智能生产线操作规范（略）

四、实施计划（略）